房屋建筑工程消防监督验收指导手册

（民用建筑）

许 可◎主 编　　马 勤　周伟明◎副主编

上海远东出版社

图书在版编目(CIP)数据

房屋建筑工程消防监督验收指导手册.民用建筑 / 许可主编；
马勤，周伟明副主编.—上海：上海远东出版社，2022
ISBN 978-7-5476-1815-8

Ⅰ.①房… Ⅱ.①许… ②马… ③周… Ⅲ.①房屋—建筑工
程—消防—监督管理—手册②房屋—建筑工程—消防—工程
验收—手册 Ⅳ.①TU892-62

中国版本图书馆 CIP 数据核字(2022)第 114655 号

责任编辑　曹　建　陈　娟
封面设计　梁家洁

房屋建筑工程消防监督验收指导手册.民用建筑

许　可　主编　　马　勤　周伟明　副主编

出　　版　**上海远东出版社**
　　　　　　(201101　上海市闵行区号景路 159 弄 C 座)
发　　行　上海人民出版社发行中心
印　　刷　上海颛辉印刷厂有限公司
开　　本　635×965　　1/16
印　　张　20.75
插　　页　1
字　　数　191,000
版　　次　2022 年 12 月第 1 版
印　　次　2022 年 12 月第 1 次印刷
ISBN 978-7-5476-1815-8/TU·112
定　　价　78.00 元

房屋建筑工程消防监督验收指导手册编委会

序

"工欲善其事，必先利其器。"随着建设工程消防审验职责的调整，建设行业的技术局限逐步显现，对于房屋建筑和市政基础设施领域我们可以说是专家，有充足的技术力量储备，但消防审验工作涉及铁路、民航、煤炭矿山等31类，客观上讲，我们现有的技术能力不能完全覆盖，如何能够快速改善专业知识和技术水平匮乏的现状，在短期内提高建设消防审验工作能力和水平，是我们面临的一大挑战。

本手册整理汇总了消防验收工作的依据、内容、程序和判定方法，为消防验收职能转隶后建设工程开展消防验收提供了技术支撑，能够让行业行政主管部门与建筑业专家快速掌握建设工程消防施工与验收知识，在一定程度上提高了消防施工质量，有效减少了建设返工造成的人力、物力和工期损失，同时也提高了行政审批服务效率。

本指导手册知识结构完善、通俗易懂，是推进消防验收工作标准化的有效探索，既是消防验收工作的参考清单，也是消防工程参建单位规范质量行为的重要指导。

前　言

消防验收是科学评定建设工程的消防安全,避免先天性火灾隐患,确保建设工程消防安全的重要措施。为认真落实《关于国务院机构改革涉及法律规定的行政机关职责调整问题的决定》,进一步优化营商环境,强化消防验收管理,乌鲁木齐市建设局(人民防空办公室)组织消防验收工作人员及行业专家,参考相关法律法规及规范标准,编制了《房屋建筑工程消防监督验收指导手册》(民用建筑)。

本手册针对目前建设项目中有关消防验收项目、内容、依据及重点控制部位进行了详细归类和说明,为消防验收职能转隶后建设工程开展消防验收提供了政策指导和技术支撑。本书主要技术内容有建筑类别和耐火等级、总平面布局、平面布置、消防控制室、建筑保温及外墙装饰防火、建筑内部装修防火、防火分隔、防烟分隔、防爆、安全疏散、消防电梯、消防水系统、消火栓系统、自动喷水灭火系统、火灾自动报警系统、防烟排烟系统及通风、空调系统防火、消防电气、建筑灭火器、泡沫灭火系统、气体灭火系统、大空间智能型主动喷水灭火系统、细水雾灭火系统、附录。

本书由许可担任主编,马勤、周伟明担任副主编。由于不可控的客观局限因素,加之时间仓促,书中难免存在遗漏及不足之处,敬请读者批评指正,并对本书的进一步完善提出宝贵意见。

目　　录

1 建筑类别和耐火等级

1.1 建筑类别

核对建筑的规模（面积、高度、层数）和使用性质；查阅相应资料。

验收依据 《建筑设计防火规范》GB 50016-2014(2018 年版)第 5.1.1 条。

主要内容

民用建筑根据其建筑高度和层数可分为单、多层民用建筑和高层民用建筑。高层民用建筑根据其建筑高度、使用功能和楼层的建筑面积可分一类和二类。民用建筑的分类应符合表 5.1.1 的规定。

表 5.1.1 民用建筑的分类

名称	高层民用建筑		单、多层民用建筑
	一类	二类	
住宅建筑	建筑高度大于 54 m 的住宅建筑(包括设置商业服务网点的住宅建筑)	建筑高度大于 27 m，但不大于 54 m 的住宅建筑(包括设置商业服务网点的住宅建筑)	建筑高度不大于 27 m 的住宅建筑(包括设置商业服务网点的住宅建筑)

1

（续表）

名称	高层民用建筑		单、多层民用建筑
	一类	二类	
公共建筑	1. 建筑高度大于 50 m 的公共建筑； 2. 建筑高度大于 24 m 以上部分任一楼层建筑面积大于 1 000 m² 的商店、展览、电信、邮政、财贸金融建筑和其他多种功能组合的建筑； 3. 医疗建筑、重要公共建筑、独立建造的老年人照料设施； 4. 省级及以上的广播电视和防灾指挥调度建筑、网局级和省级电力调度建筑； 5. 藏书超过 100 万册的图书馆、书库	除一类高层公共建筑外的其他高层公共建筑	1.建筑高度大于 24 m 的单层公共建筑； 2.建筑高度不大于 24 m 的其他公共建筑

注：① 表中未列入的建筑，其类别应根据本表类比确定；
   ② 除本规范另有规定外，宿舍、公寓等非住宅类居住建筑的防火要求，应符合本规范有关公共建筑的规定；
   ③ 除本规范另有规定外，裙房的防火要求应符合本规范有关高层民用建筑的规定。

1.2　耐火等级

核对建筑耐火等级；查阅相应资料；查看建筑主要构件燃烧性能和耐火极限等相关资料、含钢结构构件防火处理。

验收依据　《建筑设计防火规范》GB 50016-2014(2018 年版)第 5.1.2—5.1.9 条。

主要内容

5.1.2　民用建筑的耐火等级可分为一、二、三、四级。除本范围另有规定外,不同耐火等级建筑相应构件的燃烧性能和耐火极限不应低于表5.1.2的规定。

表5.1.2 不同耐火等级建筑相应构件的燃烧性能和耐火极限(h)

构件名称		耐火等级			
		一级	二级	三级	四级
墙	防火墙	不燃性 3.00	不燃性 3.00	不燃性 3.00	不燃性 3.00
	承重墙	不燃性 3.00	不燃性 2.50	不燃性 2.00	难燃性 0.50
	非承重外墙	不燃性 1.00	不燃性 1.00	不燃性 0.50	可燃性
	楼梯间和前室的墙、电梯井的墙、住宅建筑单元之间的墙和分户墙	不燃性 2.50	不燃性 2.00	不燃性 1.50	难燃性 0.50
	疏散走道两侧的墙	不燃性 1.00	不燃性 1.00	不燃性 0.50	难燃性 0.25
	房间隔墙	不燃性 0.75	不燃性 0.50	难燃性 0.50	难燃性 0.25
柱		不燃性 3.00	不燃性 2.50	不燃性 2.00	难燃性 0.50
梁		不燃性 2.00	不燃性 1.50	不燃性 1.00	难燃性 0.50
楼板		不燃性 1.50	不燃性 1.00	不燃性 0.50	可燃性
屋顶承重构件		不燃性 1.50	不燃性 1.00	可燃性 0.50	可燃性
疏散楼梯		不燃性 1.50	不燃性 1.00	不燃性 0.75	可燃性
吊顶 (包括吊顶格栅)		不燃性 0.25	难燃性 0.25	难燃性 0.15	可燃性

注:① 除本规范另有规定外,以木柱承重且墙体采用不燃材料的建筑,其耐火等
级应按四级确定;

② 住宅建筑构件的耐火极限和燃烧性能可按现行国家标准《住宅建筑规范》
GB 50368 的规定执行。

5.1.3 民用建筑的耐火等级应根据其建筑高度、使用功能、重要性和火灾扑救难度等确定,并应符合下列规定:

① 地下或半地下建筑(室)和一类高层建筑的耐火等级不应低于一级;

② 单、多层重要公共建筑和二类高层建筑的耐火等级不应低于二级。

5.1.3A 除木结构建筑外,老年人照料设施的耐火等级不应低于三级。

5.1.4 建筑高度大于 100 m 的民用建筑,其楼板的耐火极限不应低于 2.00 h。一、二级耐火等级建筑的上人平屋顶,其屋面板的耐火极限分别不应低于 1.50 h 和 1.00 h。

5.1.5 一、二级耐火等级建筑的屋面板应采用不燃材料。屋面防水层宜采用不燃、难燃材料,当采用可燃防水材料且铺设在可燃、难燃保温材料上时,防水材料或可燃、难燃保温材料应采用不燃材料作防护层。

5.1.6 二级耐火等级建筑内采用难燃性墙体的房间隔墙,其耐火极限不应低于 0.75 h;当房间的建筑面积不大于 100 m² 时,房间隔墙可采用耐火极限不低于 0.50 h 的难燃性墙体或耐火极限不低于 0.30 h 的不燃性墙体。二级耐火等级多层住宅建筑内采用预应力钢筋混凝土的楼板,其耐火极限不应低于 0.75 h。

5.1.7 建筑中的非承重外墙、房间隔墙和屋面板,当确需采用金属夹芯板材时,其芯材应为不燃材料,且耐火极限应符合本规范有关规定。

5.1.8 二级耐火等级建筑内采用不燃材料的吊顶,其耐火极限不限。三级耐火等级的医疗建筑、中小学校的教学建筑、老年人照料设施及托儿所、幼儿园的儿童用房和儿童游乐厅等儿童活动场所的吊顶,应采用不燃材料;当采用难燃材料时,其耐火极限不应低于 0.25 h。二、三级耐火等级建筑内门厅、走道的吊顶应采用不燃材料。

5.1.9 建筑内预制钢筋混凝土构件的节点外露部位,应采取防火保护措施,且节点的耐火极限不应低于相应构件的耐火极限。

2 总平面布局

2.1 防火间距

测量消防设计文件中有要求的防火间距。

验收依据 《建筑设计防火规范》GB 50016-2014(2018 年版)第 5.2.2—5.2.6 条。

主要内容

5.2.2 民用建筑之间的防火间距不应小于表 5.2.2 的规定,与其他建筑的防火间距,除应符合本节规定外,尚应符合本规范其他章的有关规定。

表 5.2.2 民用建筑之间的防火间距(m)

建筑类别		高层民用建筑	裙房和其他民用建筑		
		一、二级	一、二级	三级	四级
高层民用建筑	一、二级	13	9	11	14
裙房和其他民用建筑	一、二级	9	6	7	9
	三级	11	7	8	10
	四级	14	9	10	12

注:① 相邻两座单、多层建筑,当中自邻外墙为不燃性墙体且无外露的可燃性屋檐,每面外墙上无防火保护的门、窗、洞口不正对开设且该门、窗、洞口的

面积之和不大于外墙面积的 5% 时,其防火间距可按本表的规定减少 25%;

② 两座建筑相邻面较高一面外墙为防火墙,或高出相邻较低一座一、二级耐火等级建筑的屋面 15 m 及以下范围内的外墙为防火墙时,其防火间距不限;

③ 相邻两座高度相同的一、二级耐火等级建筑中相邻任一侧外墙为防火墙,屋顶的耐火极限不低于 1.00 h 时,其防火间距不限;

④ 相邻两座建筑中较低一座建筑的耐火等级不低于二级,相邻较低一面外墙为防火墙且屋顶无天窗,且屋顶的耐火极限不低于 1.00 h 时,其防火间距不应小于 3.5 m;对于高层建筑,不应小于 4 m;

⑤ 相邻两座建筑中较低一座建筑的耐火等级不低于二级且屋顶无天窗,相邻较高一面外墙高出较低一座建筑的屋面 15 m 及以下范围内的开口部位设置甲级防火门、窗,或设置符合现行国家标准《自动喷水灭火系统设计规范》GB 50084 规定的防火分隔水幕或本规范第 6.5.3 条规定的防火卷帘时,其防火间距不应小于 3.5 m;对于高层建筑,不应小于 4 m;

⑥ 相邻建筑通过连廊、天桥或底部的建筑物等连接时,其间距不应小于本表的规定;

⑦ 耐火等级低于四级的既有建筑,其耐火等级可按四级确定。

5.2.3 民用建筑与单独建造的变电站的防火间距应符合本规范第 3.4.1 条有关室外变、配电站的规定,但与单独建造的终端变电站的防火间距,可根据变电站的耐火等级按本规范第 5.2.2 条有关民用建筑的规定确定。

民用建筑与 10 kV 及以下的预装式变电站的防火间距不应小于 3 m。民用建筑与燃油、燃气或燃煤锅炉房的防火间距应符合本规范第 3.4.1 条有关丁类厂房的规定,但与单台蒸汽锅炉的蒸发量不大于 4 t/h 或单台热水锅炉的额定热功率不大于 2.8 MW 的燃煤锅炉房的防火间距,可根据锅炉房的耐火等级按本规范第 5.2.2 条有关民用建筑的规定确定。

5.2.4 除高层民用建筑外,数座一、二级耐火等级的住

宅建筑或办公建筑,当建筑物的占地面积总和不大于
2 500 m² 时,可成组布置,但组内建筑物之间的间距不宜小
于 4 m。组与组或组与相邻建筑物的防火间距不应小于本规
范第 5.2.2 条的规定。

5.2.5 民用建筑与燃气调压站、液化石油气气化站或混
气站、城市液化石油气供应站瓶库等的防火间距,应符合现
行国家标准《城镇燃气设计规范》GB 50028 的规定。

5.2.6 建筑高度大于 100 m 的民用建筑与相邻建筑的
防火间距,当符合本规范第 3.4.5 条、第 3.5.3 条、第 4.2.1 条
和第 5.2.2 条允许减小的条件时,仍不应减小。

2.2 消防车道

查看设置位置,车道的净宽、净高、转弯半径、树木等障
碍物;查看设置形式,坡度、承载力、回车场等。

验收依据 《建筑设计防火规范》GB 50016-2014(2018 年
版)第 5.2.1、7.1.8、7.1.9 条;《住宅设计标准》DGJ 08-20-
2019 第 3.3.1、3.3.2、3.3.3 条。

主要内容
《建筑设计防火规范》GB 50016-2014(2018 年版)

5.2.1 在总平面布局中,应合理确定建筑的位置、防火
间距、消防车道和消防水源等,不宜将民用建筑布置在甲、乙
类厂(库)房,甲、乙、丙类液体储罐,可燃气体储罐和可燃材

料堆场的附近。

7.1.8 消防车道应符合下列要求：

① 车道的净宽度和净空高度均不应小于 4.0 m；

② 转弯半径应满足消防车转弯的要求；

③ 消防车道与建筑之间不应设置妨碍消防车操作的树木、架空管线等障碍物；

④ 消防车道靠建筑外墙一侧的边缘距离建筑外墙不宜小于 5 m；

⑤ 消防车道的坡度不宜大于 8%。

7.1.9 环形消防车道至少应有两处与其他车道连通。尽头式消防车道应设置回车道或回车场，回车场的面积不应小于 12 m×12 m；对于高层建筑，不宜小于 15 m×15 m；供重型消防车使用时，不宜小于 18 m×18 m。

消防车道的路面、救援操作场地、消防车道和救援操作场地下面的管道和暗沟等，应能承受重型消防车的压力。

消防车道可利用城乡、厂区道路等，但该道路应满足消防车通行、转弯和停靠的要求。

《住宅设计标准》DGJ 08-20-2019

3.3.1 居住小区消防车道应符合下列要求：

① 低层、多层、中高层住宅的居住小区内应设有消防车道，其转弯半径（内径）不应小于 9 m，其尽端式消防车道的回车场地不应小于 12 m×12 m；

② 高层住宅应设有环形消防车道，其转弯半径（内径）不

应小于 12 m;当确有困难时,应至少沿住宅的一个长边设置消防车道,但该长边所在建筑立面应为消防登高操作面,其尽端式消防车道的回车场地不应小于 15 m×15 m,供重型消防车使用时,不宜小于 18 m×18 m;

③ 环形消防车道至少应有两处与其他车道连通。

3.3.2 联体的住宅群,当一个方向的长度超过 150 m 或总长度超过 220 m 时,消防车道的设置应符合下列之一的规定:

① 应沿建筑群设置环形消防车道或在适中位置设置穿过建筑的消防车道;

② 消防车道应沿建筑的两个长边设置,消防车道旁应设置室外消火栓,且建筑应设置与两条车道连通的人行通道(可利用楼梯间),其间距不应大于 80 m。

3.3.3 消防车道的净宽度和净空高度均不应小于 4 m;消防车道与建筑之间不应设置妨碍消防车操作的树木、架空管线等障碍物;消防车道靠近建筑外墙一侧的边缘距离建筑外墙不宜小于 5 m;消防车道的坡度不宜大于 8%。

2.3　消防车登高面

查看登高面的设置,是否有影响登高救援的裙房,首层是否设置楼梯出口,登高面上各楼层消防救援口的设置情况。

验收依据 《建筑设计防火规范》GB 50016-2014(2018 年版)第 7.2 节。

主要内容

7.2.1 高层建筑应至少沿一个长边或周边长度的1/4且不小于一个长边长度的底边连续布置消防车登高操作场地,该范围内的裙房进深不应大于 4 m。建筑高度不大于 50 m 的建筑,连续布置消防车登高操作场地确有困难时,可间隔布置,但间隔距离不宜大于 30 m,且消防车登高操作场地的总长度仍应符合上述规定。

7.2.2 消防车登高操作场地应符合下列规定:

① 场地与厂房、仓库、民用建筑之间不应设置妨碍消防车操作的树木、架空管线等障碍物和车库出入口;

② 场地的长度和宽度分别不应小于 15 m 和 10 m;对于高度大于 50 m 的建筑,场地的长度和宽度分别不应小于 20 m 和 10 m;

③ 场地及其下面的建筑结构、管道和暗沟等,应能承受重型消防车的压力;

④ 场地应与消防车道连通,场地靠建筑外墙一侧的边缘距离建筑外墙不宜小于 5 m,且不应大于 10 m,场地的坡度不宜大于 3%。

7.2.3 建筑物与消防车登高操作场地相对应的范围内,应设置直通室外的楼梯或直通楼梯间的入口。

7.2.4 厂房、仓库、公共建筑的外墙应在每层的适当位置设置可供消防救援人员进入的窗口。

7.2.5 供消防救援人员进入的窗口的净高度和净宽度均不应小于 1.0 m,下沿距室内地面不宜大于 1.2 m,间距不宜大于 20 m 且每个防火分区不应少于两个,设置位置应与消防车登高操作场地相对应。窗口的玻璃应易于破碎,并应设置可在室外易于识别的明显标志。

2.4　消防车登高操作场地

查看设置的长度、宽度、坡度、承载力,是否有影响登高救援的树木、架空管线等。

验收依据　《建筑设计防火规范》GB 50016 - 2014 (2018 年版)第 7.2 节;《住宅设计标准》DGJ 08 - 20 - 2019 第 3.3.4、3.3.5 条。

主要内容

《建筑设计防火规范》GB 50016-2014(2018 年版)

7.2.1 高层建筑应至少沿一个长边或周边长度的1/4且不小于一个长边长度的底边连续布置消防车登高操作场地,该范围内的裙房进深不应大于 4 m。建筑高度不大于 50 m 的建筑,连续布置消防车登高操作场地确有困难时,可间隔布置,但间隔距离不宜大于 30 m,且消防车登高操作场地的总长度仍应符合上述规定。

7.2.2 消防车登高操作场地应符合下列规定：

① 场地与厂房、仓库、民用建筑之间不应设置妨碍消防车操作的树木、架空管线等障碍物和车库出入口；

② 场地的长度和宽度分别不应小于 15 m 和 10 m；对于高度大于 50 m 的建筑，场地的长度和宽度分别不应小于 20 m 和 10 m；

③ 场地及其下面的建筑结构、管道和暗沟等，应能承受重型消防车的压力；

④ 场地应与消防车道连通，场地靠建筑外墙一侧的边缘距离建筑外墙不宜小于 5 m，且不应大于 10 m，场地的坡度不宜大于 3%。

7.2.3 建筑物与消防车登高操作场地相对应的范围内，应设置直通室外的楼梯或直通楼梯间的入口。

7.2.4 厂房、仓库、公共建筑的外墙应在每层的适当位置设置可供消防救援人员进入的窗口。

7.2.5 供消防救援人员进入的窗口的净高度和净宽度均不应小于 1 m，下沿距室内地面不宜大于 1.2 m，间距不宜大于 20 m 且每个防火分区不应少于两个，设置位置应与消防车登高操作场地相对应。窗口的玻璃应易于破碎，并应设置可在室外易于识别的明显标志。

《住宅设计标准》DGJ 08-20-2019

3.3.4 高层住宅应至少沿一个长边或周边长度的1/4且不小于一个长边长度的底边连续布置消防车登高操作场地。

建筑高度不大于 50 m 的高层住宅,连续布置消防车登高操作场地确有困难时,可间隔布置,但间隔距离不宜大于 30 m,且消防车登高操作场地的总长度仍应符合上述规定。消防车登高操作场地应符合下列规定:

① 场地与高层住宅之间不应设置妨碍消防车操作的树木、架空管线等障碍物和车库出入口;

② 场地的长度和宽度分别不应小于 15 m 和 10 m;对于高度大于 50 m 的高层住宅,场地的长度和宽度分别不应小于 20 m 和 10 m;场地应与消防车道连通,场地靠建筑外墙一侧的边缘距离建筑外墙不宜小于 5 m,且不应大于 10 m,场地的坡度不宜大于 3%。

3.3.5 消防车道的路面、消防车登高操作场地下及面的管道、暗沟、水池等应能承受消防车的压力。在地下建筑上布置消防车登高操作场地、消防车道时,地下建筑的顶板荷载计算应考虑消防登高车的压力。

3 平面布置

3.1 消防控制室

查看设置位置、防火分隔、安全出口,测试应急照明;查看管道布置、防淹措施。

验收依据 《建筑设计防火规范》GB 50016-2014(2018 年版)第 6.2.7、8.1.7、8.1.8、10.3.3 条。

主要内容

《建筑设计防火规范》GB 50016-2014(2018 年版)

6.2.7 附设在建筑内的消防控制室、灭火设备室、消防水泵房和通风、空气调节机房、变配电室等,应采用耐火极限不低于 2.00 h 的防火隔墙和 1.50 h 的楼板与其他部位分隔。

通风、空气调节机房和变配电室开向建筑内的门应采用甲级防火门,消防控制室和其他设备房开向建筑内的门应采用乙级防火门。

8.1.7 设置火灾自动报警系统和需要联动控制的消防设备的建筑(群)应设置消防控制室。消防控制室的设置应符合下列规定:

① 单独建造的消防控制室,其耐火等级不应低于二级;

② 附设在建筑内的消防控制室,宜设置在建筑内首层或地下一层,并宜布置在靠外墙部位;

③ 不应设置在电磁场干扰较强及其他可能影响消防控制设备正常工作的房间附近;

④ 疏散门应直通室外或安全出口;

⑤ 消防控制室内的设备构成及其对建筑消防设施的控制与显示功能,以及向远程监控系统传输相关信息的功能,应符合现行国家标准《火灾自动报警系统设计规范》GB 50116和《消防控制室通用技术要求》GB 25506 的规定。

8.1.8 消防水泵房和消防控制室应采取防水淹的技术措施。

10.3.3 消防控制室、消防水泵房、自备发电机房、配电室、防排烟机房,以及发生火灾时仍需正常工作的消防设备房应设置备用照明,其作业面的最低照度不应低于正常照明的照度。

3.2　消防水泵房

查看设置位置、防火分隔、安全出口,测试应急照明;查看防淹措施。

验收依据　《建筑设计防火规范》GB 50016-2014(2018 年版)第 8.1.6、8.1.8、10.3.3 条;《消防给水及消火栓系统技术规范》GB 50974-2014 第 5.5.12、5.5.14 条。

主要内容

《建筑设计防火规范》GB 50016-2014(2018 年版)

8.1.6 消防水泵房的设置应符合下列规定：

① 单独建造的消防水泵房,其耐火等级不应低于二级;

② 附设在建筑内的消防水泵房,不应设置在地下三层及以下,或室内地面与室外出入口地坪高差大于 10 m 的地下楼层;

③ 疏散门应直通室外或安全出口。

8.1.8 消防水泵房和消防控制室应采取防水淹的技术措施。

10.3.3 消防控制室、消防水泵房、自备发电机房、配电室、防排烟机房以及发生火灾时仍需正常工作的消防设备房应设置备用照明,其作业面的最低照度不应低于正常照明的照度。

《消防给水及消火栓系统技术规范》GB 50974-2014

5.5.12 消防水泵房应符合下列规定：

① 独立建造的消防水泵房耐火等级不应低于二级;

② 附设在建筑物内的消防水泵房,不应设置在地下三层及以下,或室内地面与室外出入口地坪高差大于 10 m 的地下楼层;

③ 附设在建筑物内的消防水泵房,应采用耐火极限不低于 2.00 h 的隔墙和 1.50 h 的楼板与其他部位隔开,其疏散门

应直通安全出口,且开向疏散走道的门应采用甲级防火门。

5.5.14 消防水泵房应采取防水淹没的技术措施。

3.3 民用建筑中其他特殊场所

查看歌舞娱乐放映游艺场所、儿童活动场所、锅炉房、空调机房、厨房、手术室等设备用房设置位置、防火分隔。

验收依据 《建筑设计防火规范》GB 50016-2014(2018 年版)第 5.4.4、5.4.7、5.4.9、5.4.12、5.5.5、6.2.2 条。

主要内容

5.4.4 托儿所、幼儿园的儿童用房和儿童游乐厅等儿童活动场所宜设置在独立的建筑内,且不应设置在地下或半地下。当采用一、二级耐火等级的建筑时,不应超过三层;采用三级耐火等级的建筑时,不应超过二层;采用四级耐火等级的建筑时,应为单层。确需设置在其他民用建筑内时,应符合下列规定:

① 设置在一、二级耐火等级的建筑内时,应布置在首层、二层或三层;

② 设置在三级耐火等级的建筑内时,应布置在首层或二层;

③ 设置在四级耐火等级的建筑内时,应布置在首层;

④ 设置在高层建筑内时,应设置独立的安全出口和疏散楼梯;

⑤ 设置在单、多层建筑内时,宜设置独立的安全出口和疏散楼梯。

5.4.4A 老年人照料设施宜独立设置。当老年人照料设施与其他建筑上、下组合时,老年人照料设施宜设置在建筑的下部,并应符合下列规定:

① 老年人照料设施部分的建筑层数、建筑高度或所在楼层位置的高度应符合本规范第 5.3.1A 条的规定;

② 老年人照料设施部分应与其他场所进行防火分隔,防火分隔应符合本规范第 6.2.2 条的规定。

5.4.4B 当老年人照料设施中的老年人公共活动用房、康复与医疗用房设置在地下、半地下时,应设置在地下一层,每间用房的建筑面积不应大于 200 m² 且使用人数不应大于 30 人。

老年人照料设施中的老年人公共活动用房、康复与医疗用房设置在地上四层及以上时,每间用房的建筑面积不应大于 200 m² 且使用人数不应大于 30 人。

5.4.7 剧场、电影院、礼堂宜设置在独立的建筑内;采用三级耐火等级建筑时,不应超过二层;确需设置在其他民用建筑内时,至少应设置一个独立的安全出口和疏散楼梯,并应符合下列规定:

① 应采用耐火极限不低于 2.00 h 的防火隔墙和甲级防火门与其他区域分隔;

② 设置在一、二级耐火等级的建筑内时,观众厅宜布置

在首层、二层或三层；确需布置在四层及以上楼层时，一个厅、室的疏散门不应少于两个，且每个观众厅的建筑面积不宜大于 400 m²；

③ 设置在三级耐火等级的建筑内时，不应布置在三层及以上楼层；

④ 设置在地下或半地下时，宜设置在地下一层，不应设置在地下三层及以下楼层；

⑤ 设置在高层建筑内时，应设置火灾自动报警系统及自动喷水灭火系统等自动灭火系统。

5.4.9 歌舞厅、录像厅、夜总会、卡拉 OK 厅（含具有卡拉 OK 功能的餐厅）、游艺厅（含电子游艺厅）、桑拿浴室（不包括洗浴部分）、网吧等歌舞娱乐放映游艺场所（不含剧场、电影院）的布置应符合下列规定：

① 不应布置在地下二层及以下楼层；

② 宜布置在一、二级耐火等级建筑内的首层、二层或三层的靠外墙部位；

③ 不宜布置在袋形走道的两侧或尽端；

④ 确需布置在地下一层时，地下一层的地面与室外出入口地坪的高差不应大于 10 m；

⑤ 确需布置在地下或四层及以上楼层时，一个厅、室的建筑面积不应大于 200 m²；

⑥ 厅、室之间及与建筑的其他部位之间，应采用耐火极限不低于 2.00 h 的防火隔墙和 1.00 h 的不燃性楼板分隔，设

置在厅、室墙上的门和该场所与建筑内其他部位相通的门均应采用乙级防火门。

5.4.12 燃油或燃气锅炉、油浸变压器、充有可燃油的高压电容器和多油开关等,宜设置在建筑外的专用房间内;确需贴邻民用建筑布置时,应采用防火墙与所贴邻的建筑分隔,且不应贴邻人员密集场所,该专用房间的耐火等级不应低于二级;确需布置在民用建筑内时,不应布置在人员密集场所的上一层、下一层或贴邻,并应符合下列规定:

① 燃油或燃气锅炉房、变压器室应设置在首层或地下一层的靠外墙部位,但常(负)压燃油或燃气锅炉可设置在地下二层或屋顶上;设置在屋顶上的常(负)压燃气锅炉,距离通向屋面的安全出口不应小于 6 m;采用相对密度(与空气密度的比值)不小于 0.75 的可燃气体为燃料的锅炉,不得设置在地下或半地下;

② 锅炉房、变压器室的疏散门均应直通室外或安全出口;

③ 锅炉房、变压器室等与其他部位之间应采用耐火极限不低于 2.00 h 的防火隔墙和 1.50 h 的不燃性楼板分隔;在隔墙和楼板上不应开设洞口,确需在隔墙上设置门、窗时,应采用甲级防火门、窗;

④ 锅炉房内设置储油间时,其总储存量不应大于 1 m³,且储油间应采用耐火极限不低于 3.00 h 的防火隔墙与锅炉间分隔;确需在防火隔墙上设置门时,应采用甲级防火门;

⑤ 变压器室之间、变压器室与配电室之间,应设置耐火极限不低于 2.00 h 的防火隔墙;

⑥ 油浸变压器、多油开关室、高压电容器室,应设置防止油品流散的设施。油浸变压器下面应设置能储存变压器全部油量的事故储油设施;

⑦ 应设置火灾报警装置;

⑧ 应设置与锅炉、变压器、电容器和多油开关等的容量及建筑规模相适应的灭火设施,当建筑内其他部位设置自动喷水灭火系统时,应设置自动喷水灭火系统;

⑨ 锅炉的容量应符合现行国家标准《锅炉房设计规范》GB 50041 的规定,油浸变压器的总容量不应大于 1 260 kV·A,单台容量不应大于 630 kV·A;

⑩ 燃气锅炉房应设置爆炸泄压设施,燃油或燃气锅炉房应设置独立的通风系统,并应符合本规范第 9 章的规定。

5.5.5 除人员密集场所外,建筑面积不大于 500 m²、使用人数不超过 30 人且埋深不大于 10 m 的地下或半地下建筑(室),当需要设置两个安全出口时,其中一个安全出口可利用直通室外的金属竖向梯。

除歌舞娱乐放映游艺场所外,防火分区建筑面积不大于 200 m² 的地下或半地下设备间、防火分区建筑面积不大于 50 m 且经常停留人数不超过 15 人的其他地下或半地下建筑(室),可设置一个安全出口或一部疏散楼梯。

除本规范另有规定外,建筑面积不大于 200 m² 的地下或半地下设备间、建筑面积不大于 50 m² 且经常停留人数不超过 15 人的其他地下或半地下房间,可设置一个疏散门。

6.2.2 医疗建筑内的手术室或手术部、产房、重症监护室、贵重精密医疗装备用房、储藏间、实验室、胶片室等,附设在建筑内的托儿所、幼儿园的儿童用房和儿童游乐厅等儿童活动场所、老年人照料设施,应采用耐火极限不低于 2.00 h 的防火隔墙和 1.00 h 的楼板与其他场所或部位分隔,墙上必须设置的门、窗应采用乙级防火门、窗。

3.4 柴油发电机房

查看设置位置、耐火等级、防火分隔、疏散门等建筑防火要求;测试应急照明;查看储油间的设置。

验收依据 消防设计文件;《建筑设计防火规范》GB 50016-2014(2018 年版)第 5.4.13、5.4.15、10.1.5、10.3.3 条;《民用建筑电气设计标准》GB 51348-2019 第 6.1.10、6.1.11 条。

主要内容

《建筑设计防火规范》GB 50016-2014(2018 年版)

5.4.13 布置在民用建筑内的柴油发电机房应符合下列规定:

① 宜布置在首层或地下一、二层;

② 不应布置在人员密集场所的上一层、下一层或贴邻;

23

③ 应采用耐火极限不低于 2.00 h 的防火隔墙和 1.50 h 的不燃性楼板与其他部位分隔,门应采用甲级防火门;

④ 机房内设置储油间时,其总储存量不应大于 1 m³,储油间应采用耐火极限不低于 3.00 h 的防火隔墙与发电机间分隔;确需在防火隔墙上开门时,应设置甲级防火门;

⑤ 应设置火灾报警装置;

⑥ 应设置与柴油发电机容量和建筑规模相适应的灭火设施,当建筑内其他部位设置自动喷水灭火系统时,机房内应设置自动喷水灭火系统。

5.4.15 设置在建筑内的锅炉、柴油发电机,其燃料供给管道应符合下列规定:

① 在进入建筑物前和设备间内的管道上均应设置自动和手动切断阀;

② 储油间的油箱应密闭且应设置通向室外的通气管,通气管应设置带阻火器的呼吸阀,油箱的下部应设置防止油品流散的设施;

③ **燃气供给管道的敷设应符合现行国家标准《城镇燃气设计规范》GB 50028 的规定。**

10.1.5 建筑内消防应急照明和灯光疏散指示标志的备用电源的连续供电时间应符合下列规定:

① 建筑高度大于 100 m 的民用建筑,不应小于 1.5 h;

② 医疗建筑、老年人照料设施、总建筑面积大于 100 000 m² 的公共建筑和总建筑面积大于 20 000 m² 的地下、

半地下建筑,不应少于 1.0 h;

③ 其他建筑,不应少于 0.5 h。

10.3.3 消防控制室、消防水泵房、自备发电机房、配电室、防排烟机房以及发生火灾时仍需正常工作的消防设备房应设置备用照明,其作业面的最低照度不应低于正常照明的照度。

《民用建筑电气设计标准》GB 51348-2019

6.1.10 储油设施的设置应符合下列规定:

① 当燃油来源及运输不便或机房内机组较多、容量较大时,宜在建筑物主体外设置不大于 15 m³ 的储油罐;

② 机房内应设置储油间,其总储存量不应超过 1 m³,并应采取相应的防火措施;

③ 日用燃油箱宜高位布置,出油口宜高于柴油机的高压射油泵;

④ 卸油泵和供油泵可共用,应装设电动和手动各一台,其容量应按最大卸油量或供油量确定;

⑤ 储油设施除应符合本规定外,尚应符合现行国家标准《建筑设计防火规范》GB 50016 的相关规定。

6.1.11 柴油发电机房设计应符合下列规定:

① 机房应有良好的通风;

② 机房面积在 50 m² 及以下时宜设置不少于一个出入口,在 50 m² 以上时宜设置不少于两个出入口,其中一个应满足搬运机组的需要,门应为向外开启的甲级防火门;发电机

间与控制室、配电室之间的门和观察窗应采取防火、隔声措施,门应为甲级防火门,并应开向发电机间;

③ 储油间应采用防火墙与发电机间隔开;当必须在防火墙上开门时,应设置能自行关闭的甲级防火门;

④ 当机房噪声控制达不到现行国家标准《声环境质量标准》GB 3096 的规定时,应做消声、隔声处理;

⑤ 机组基础应采取减振措施,当机组设置在主体建筑内或地下层时,应防止与房屋产生共振;

⑥ 柴油机基础宜采取防油浸的设施,可设置排油污沟槽,机房内管沟和电缆沟内应有 0.3% 的坡度和排水、排油措施;

⑦ 机房各工作房间的耐火等级与火灾危险性类别应符合表 6.1.11 的规定。

表 6.1.11　机房各工作房间耐火等级与火灾与火灾危险性类别

名称	火灾危险性类别	耐火等级
发电机间	丙	一级
控制室与配电室	戊	二级
储油间	丙	一级

3.5　变配电房

查看设置位置、耐火等级、防火分隔、疏散门等建筑防火要求;测试应急照明。

验收依据　消防设计文件;《建筑设计防火规范》GB 50016-2014(2018 年版)第 5.4.12、10.1.5、10.3.3 条;《20 kV 及以下变电所设计规范》GB 50053-2013 第 6.1.1—6.1.10条

主要内容

《建筑设计防火规范》GB 50016-2014(2018 年版)

5.4.12　燃油或燃气锅炉、油浸变压器、充有可燃油的高压电容器和多油开关等,宜设置在建筑外的专用房间内;确需贴邻民用建筑布置时,应采用防火墙与所贴邻的建筑分隔,且不应贴邻人员密集场所,该专用房间的耐火等级不应低于二级;确需布置在民用建筑内时,不应布置在人员密集场所的上一层、下一层或贴邻,并应符合下列规定:

① 燃油或燃气锅炉房、变压器室应设置在首层或地下一层的靠外墙部位,但常(负)压燃油或燃气锅炉可设置在地下二层或屋顶上。设置在屋顶上的常(负)压燃气锅炉,距离通向屋面的安全出口不应小于 6 m。采用相对密度(与空气密度的比值)不小于 0.75 的可燃气体为燃料的锅炉,不得设置在地下或半地下;

② 锅炉房、变压器室的疏散门均应直通室外或安全出口;

③ 锅炉房、变压器室等与其他部位之间应采用耐火极限不低于 2.00 h 的防火隔墙和 1.50 h 的不燃性楼板分隔。在

27

隔墙和楼板上不应开设洞口,确需在隔墙上设置门、窗时,应采用甲级防火门、窗;

④ 锅炉房内设置储油间时,其总储存量不应大于 1 m³,且储油间应采用耐火极限不低于 3.00 h 的防火隔墙与锅炉间分隔;确需在防火隔墙上设置门时,应采用甲级防火门;

⑤ 变压器室之间、变压器室与配电室之间,应设置耐火极限不低于 2.00 h 的防火隔墙;

⑥ 油浸变压器、多油开关室、高压电容器室,应设置防止油品流散的设施;油浸变压器下面应设置能储存变压器全部油量的事故储油设施;

⑦ 应设置火灾报警装置;

⑧ 应设置与锅炉、变压器、电容器和多油开关等的容量及建筑规模相适应的灭火设施,当建筑内其他部位设置自动喷水灭火系统时,应设置自动喷水灭火系统;

⑨ 锅炉的容量应符合现行国家标准《锅炉房设计规范》GB 50041 的规定,油浸变压器的总容量不应大于1 260 kV·A,单台容量不应大于 630 kV·A;

⑩ 燃气锅炉房应设置爆炸泄压设施,燃油或燃气锅炉房应设置独立的通风系统,并应符合本规范第 9 章的规定。

10.1.5 建筑内消防应急照明和灯光疏散指示标志的备用电源的连续供电时间应符合下列规定:

① 建筑高度大于 100 m 的民用建筑,不应小于 1.5 h;

② 医疗建筑、老年人照料设施、总建筑面积大于

100 000 m² 的公共建筑和总建筑面积大于 20 000 m² 的地下、半地下建筑,不应少于 1.0 h;

③ 其他建筑,不应少于 0.5 h。

10.3.3 消防控制室、消防水泵房、自备发电机房、配电室、防排烟机房以及发生火灾时仍需正常工作的消防设备房应设置备用照明,其作业面的最低照度不应低于正常照明的照度。

《20 kV 及以下变电所设计规范》GB 50053-2013

6.1.1 变压器室、配电室和电容器室的耐火等级不应低于二级。

6.1.2 位于下列场所的油浸变压器室的门应采用甲级防火门:

① 有火灾危险的车间内;

② 容易沉积可燃粉尘、可燃纤维的场所;

③ 附近有粮、棉及其他易燃物大量集中的露天堆场;

④ 民用建筑物内,门通向其他相邻房间;

⑤ 油浸变压器室下面有地下室。

6.1.3 民用建筑内变电所防火门的设置应符合下列规定:

① 变电所位于高层主体建筑或裙房内时,通向其他相邻房间的门应为甲级防火门,通向过道的门应为乙级防火门;

② 变电所位于多层建筑物的二层或更高层时,通向其他相邻房间的门应为甲级防火门,通向过道的门应为乙级防

火门;

③ 变电所位于单层建筑物内或多层建筑物的一层时,通向其他相邻房间或过道的门应为乙级防火门;

④ 变电所位于地下层或下面有地下层时,通向其他相邻房间或过道的门应为甲级防火门;

⑤ 变电所附近堆有易燃物品或通向汽车库的门应为甲级防火门;

⑥ 变电所直接通向室外的门应为丙级防火门。

6.1.4 变压器室的通风窗应采用非燃烧材料。

6.1.5 当露天或半露天变电所安装油浸变压器,且变压器外廓与生产建筑物外墙的距离小于 5 m 时,建筑物外墙在下列范围内不得有门、窗或通风孔:

① 油量大于 1 000 kg 时,在变压器总高度加 3 m 及外廓两侧各加 3 m 的范围内;

② 油量小于或等于 1 000 kg 时,在变压器总高度加 3 m 及外廓两侧各加 15 m 的范围内。

6.1.6 高层建筑物的裙房和多层建筑物内的附设变电所及车间内变电所的油浸变压器室,应设置容量为 100% 变压器油量的储油池。

6.1.7 当设置容量不低于 20% 变压器油量的挡油池时,应有能将油排到安全场所的设施。位于下列场所的油浸变压器室,应设置容量为 100% 变压器油量的储油池或挡油设施:

① 容易沉积可燃粉尘、可燃纤维的场所;

② 附近有粮、棉及其他易燃物大量集中的露天场所;

③ 油浸变压器室下面有地下室。

6.1.8 独立变电所、附设变电所、露天或半露天变电所中,油量大于或等于 1 000 kg 的油浸变压器,应设置储油池或挡油池,并应符合本规范第 6.1.7 条的有关规定。

6.1.9 在多层建筑物或高层建筑物裙房的首层布置油浸变压器的变电站时,首层外墙开口部位的上方应设置宽度不小于 1.0 m 的不燃烧体防火挑檐幢或高度不小于 1.2 m 的窗槛墙。

6.1.10 在露天或半露天的油浸变压器之间设置防火墙时,其高度应高于变压器油枕,长度应长过变压器的贮油池两侧各 0.5 m。

4 建筑保温及外墙装饰防火

4.1 建筑外墙和屋面保温

核查建筑的外墙及屋面保温系统的设置位置、设置形式；查阅报告；核对保温材料的燃烧性能等。

验收依据 《建筑设计防火规范》GB 50016-2014（2018 年版）第 6.7.2、6.7.4—6.7.6、6.7.8—6.7.10 条。

主要内容

6.7.2 建筑外墙采用内保温系统时，保温系统应符合下列规定：

① 对于人员密集场所，用火、燃油、燃气等具有火灾危险性的场所以及各类建筑内的疏散楼梯间、避难走道、避难间、避难层等场所或部位，应采用燃烧性能为 A 级的保温材料；

② 对于其他场所，应采用低烟、低毒且燃烧性能不低于 B_1 级的保温材料；

③ 保温系统应采用不燃材料做防护层；采用燃烧性能为 B_1 级的保温材料时，防护层的厚度不应小于 10 mm。

6.7.4 设置人员密集场所的建筑，其外墙外保温材料的燃烧性能应为 A 级。

6.7.4A　除本规范第 6.7.3 条规定的情况外,下列老年人照料设施的内、外墙体和屋面保温材料应采用燃烧性能为 A 级的保温材料:

① 独立建造的老年人照料设施;

② 与其他建筑组合建造且总建筑面积大于 500 m² 的老年人照料设施。

6.7.5　与基层墙体、装饰层之间无空腔的建筑外墙外保温系统,其保温材料应符合下列规定:

① 住宅建筑

A　建筑高度大于 100 m 时,保温材料的燃烧性能应为 A 级;

B　建筑高度大于 27 m,但不大于 100 m 时,保温材料的燃烧性能不应低于 B_1 级;

C　建筑高度不大于 27 m 时,保温材料的燃烧性能不应低于 B_2 级。

② 除住宅建筑和设置人员密集场所的建筑外,其他建筑:

A　建筑高度大于 50 m 时,保温材料的燃烧性能应为 A 级;

B　建筑高度大于 24 m,但不大于 50 m 时,保温材料的燃烧性能不应低于 B_1 级;

C　建筑高度不大于 24 m 时,保温材料的燃烧性能不应

低于 B_2 级。

6.7.6 除设置人员密集场所的建筑外,与基层墙体、装饰层之间有空腔的建筑外墙外保温系统,其保温材料应符合下列规定:

① 建筑高度大于 24 m 时,保温材料的燃烧性能应为 A 级;

② 建筑高度不大于 24 m 时,保温材料的燃烧性能不应低于 B_1 级。

6.7.8 建筑的外墙外保温系统应采用不燃材料在其表面设置防护层,防护层应将保温材料完全包覆。除本规范第 6.7.3 条规定的情况外,当按本节规定采用 B_1,B_2 级保温材料时,防护层厚度首层不应小于 15 mm,其他层不应小于 5 mm。

6.7.9 建筑外墙外保温系统与基层墙体、装饰层之间的空腔,应在每层楼板处采用防火封堵材料封堵。

6.7.10 建筑的屋面外保温系统,当屋面板的耐火极限不低于 1.00 h 时,保温材料的燃烧性能不应低于 B_2 级;当屋面板的耐火极限低于 1.00 h 时,不应低于 B_1 级。采用 B_1,B_2 级保温材料的外保温系统应采用不燃材料作防护层,防护层的厚度不应小于 10 mm。

当建筑的屋面和外墙外保温系统均采用 B_1,B_2 级保温材料时,屋面与外墙之间应采用宽度不小于 500 mm 的不燃材料设置防火隔离带进行分隔。

4.2　建筑外墙装饰

查阅有关防火性能的证明文件等。

验收依据　《建筑设计防火规范》GB 50016-2014(2018 年版)第 6.7.12 条。

主要内容

6.7.12　建筑外墙的装饰层应采用燃烧性能为 A 级的材料,但建筑高度不大于 50 m 时,可采用 B_1 级材料。

5 建筑内部装修防火

5.1 装修情况

现场核对装修范围、使用功能。

验收依据 《建筑内部装修设计防火规范》GB 50222-2017;《建筑内部装修防火施工及验收规范》GB 50354-2005。

5.2 纺织织物

查看有关防火性能的证明文件、施工记录。

验收依据 《建筑内部装修防火施工及验收规范》GB 50354-2005 第 3.0.2 条。

主要内容

3.0.2 纺织织物施工应检查下列文件和记录:

① 纺织织物燃烧性能等级的设计要求;

② 纺织织物燃烧性能型式检验报告,进场验收记录和抽样检验报告;

③ 现场对纺织织物进行阻燃处理的施工记录及隐蔽工程验收记录。

5.3 木质材料

查看有关防火性能的证明文件、施工记录。

验收依据 《建筑内部装修防火施工及验收规范》GB 50354-2005 第 4.0.2 条

主要内容

4.0.2 木质材料施工应检查下列文件和记录：

① 木质材料燃烧性能等级的设计要求；

② 木质材料燃烧性能型式检验报告、进场验收记录和抽样检验报告；

③ 现场对木质材料进行阻燃处理的施工记录及隐蔽工程验收记录。

5.4 高分子合成材料

查看有关防火性能的证明文件、施工记录。

验收依据 《建筑内部装修防火施工及验收规范》GB 50354-2005 第 5.0.2 条。

主要内容

5.0.2 高分子合成材料施工应检查下列文件和记录：

① 高分子合成材料燃烧性能等级的设计要求；

② 高分子合成材料燃烧性能型式检验报告、进场验收记录和抽样检验报告；

③ 现场对泡沫塑料进行阻燃处理的施工记录及隐蔽工程验收记录。

5.5　复合材料

查看有关防火性能的证明文件、施工记录。

验收依据　《建筑内部装修防火施工及验收规范》GB 50354-2005 第 6.0.2 条。

主要内容

6.0.2　复合材料施工应检查下列文件和记录:

① 复合材料燃烧性能等级的设计要求;

② 复合材料燃烧性能型式检验报告、进场验收记录和抽样检验报告;

③ 现场对复合材料进行阻燃处理的施工记录及隐蔽工程验收记录。

5.6　其他材料

查看有关防火性能的证明文件、施工记录。

验收依据　《建筑内部装修防火施工及验收规范》GB 50354-2005 第 7.0.2 条。

主要内容

7.0.2　其他材料施工应检查下列文件和记录:

① 材料燃烧性能等级的设计要求；

② 材料燃烧性能型式检验报告、进场验收记录和抽样检验报告；

③ 现场对材料进行阻燃处理的施工记录及隐蔽工程验收记录。

5.7 电气安装与装修

查看用电装置发热情况和周围材料的燃烧性能和防火隔热、散热措施。

验收依据 《建筑设计防火规范》GB 50016-2014(2018 年版)第 6.7.11、11.0.9 条；《民用建筑电气设计标准》GB 51348-2019 第 4.10.13、8.1.6、8.1.7、8.1.10 条。

主要内容

《建筑设计防火规范》GB 50016-2014(2018 年版)

6.7.11 电气线路不应穿越或敷设在燃烧性能为 B_1 或 B_2 级的保温材料中；确需穿越或敷设时,应采取穿金属管并在金属管周围采用不燃隔热材料进行防火隔离等防火保护措施。设置开关、插座等电器配件的部位周围应采取不燃隔热材料进行防火隔离等防火保护措施。

11.0.9 木质结构建筑的管道、电气线路敷设在墙体内或穿过楼板、墙体时,应采取防火保护措施,与墙体、楼板之间的缝隙应采用防火封堵材料填塞密实;住宅建筑内厨房的明火或高温部位及排油烟管道等,应采用防火隔热措施。

《民用建筑电气设计标准》GB 51348-2019

4.10.13 变电所内配电箱不应采用嵌入式安装在建筑物的外墙上。

8.1.6 在有可燃物的闷顶和封闭吊顶内明敷的配电线路,应采用金属导管或金属槽盒布线。

8.1.7 明敷设用的塑料导管、槽盒、接线盒、分线盒应采用阻燃性能分级为 B_1 级的难燃制品。

8.1.10 布线用各种电缆、导管、电缆桥架及母线槽在穿越防火分区楼板、隔墙及防火卷帘上方的防火隔板时,其空隙应采用相当于建筑构件耐火极限的不燃烧材料填塞密实。

5.8 对消防设施影响

查看影响消防设施的使用功能。

验收依据 《建筑内部装修设计防火规范》GB 50222-2017 第 4.0.1 条;《民用建筑设计统一标准》GB 50352-2019 第 6.17.2 条。

主要内容

《建筑内部装修设计防火规范》GB 50222-2017

4.0.1 建筑内部装修不应擅自减少、改动、拆除、遮挡消防设施、疏散指示标志、安全出口、疏散出口、疏散走道和防火分区、防烟分区等。

《民用建筑设计统一标准》GB 50352-2019

6.17.2 室内装修设计应符合下列规定：

① 室内装修不得遮挡消防设施标志、疏散指示标志及安全出口，并不得影响消防设施和疏散通道的正常使用；

② 既有建筑重新装修时，应充分利用原有设施、设备管线系统，且应满足国家现行相关标准的规定；

③ 室内装修材料应符合现行国家标准《民用建筑工程室内环境污染控制规范》GB 50325 的相关要求。

5.9 对疏散设施影响

查看安全出口、疏散出口、疏散走道数量、测量疏散宽度。

验收依据 依据消防设计文件核对现场；《建筑设计防火规范》GB 50016-2014（2018 年版）第 5.5 节。

主要内容

I 一般要求

5.5.1 民用建筑应根据其建筑高度、规模、使用功能和耐火等级等因素合理设置安全疏散和避难设施。安全出口和疏散门的位置、数量、宽度及疏散楼梯间的形式，应满足人员安全疏散的要求。

5.5.2 建筑内的安全出口和疏散门应分散布置，且建筑内每个防火分区或一个防火分区的每个楼层、每个住宅单元每层相邻两个安全出口以及每个房间相邻两个疏散门最近边缘之间的水平距离不应小于 5 m。

5.5.3 建筑的楼梯间宜通至屋面,通向屋面的门或窗应向外开启。

5.5.4 自动扶梯和电梯不应计作安全疏散设施。

5.5.5 除人员密集场所外,建筑面积不大于 500 m²、使用人数不超过 30 人且埋深不大于 10 m 的地下或半地下建筑(室),当需要设置两个安全出口时,其中一个安全出口可利用直通室外的金属竖向梯。

除歌舞娱乐放映游艺场所外,防火分区建筑面积不大于 200 m² 的地下或半地下设备间、防火分区建筑面积不大于 50 m² 且经常停留人数不超过 15 人的其他地下或半地下建筑(室),可设置一个安全出口或一部疏散楼梯。

除另有规定外,建筑面积不大于 200 m² 的地下或半地下设备间、建筑面积不大于 50 m² 且经常停留人数不超过 15 人的其他地下或半地下房间,可设置一个疏散门。

5.5.6 直通建筑内附设汽车库的电梯,应在汽车库部分设置电梯候梯厅,并应采用耐火极限不低于 2.00 h 的防火隔墙和乙级防火门与汽车库分隔。

5.5.7 高层建筑直通室外的安全出口上方,应设置挑出宽度不小于 1.0 m 的防护挑檐。

Ⅱ 公共建筑

5.5.8 公共建筑内每个防火分区或一个防火分区的每

个楼层,其安全出口的数量应经计算确定,且不应少于两个。设置一个安全出口或一部疏散楼梯的公共建筑应符合下列条件之一:

① 除托儿所、幼儿园外,建筑面积不大于 200 m² 且人数不超过 50 人的单层公共建筑或多层公共建筑的首层;

② 除医疗建筑,老年人照料设施,托儿所、幼儿园的儿童用房,儿童游乐厅等儿童活动场所和歌舞娱乐放映游艺场所等外,符合表 5.5.8 规定的公共建筑。

表 5.5.8 设置一部疏散楼梯的公共建筑

耐火等级	最多层数	每层最大建筑面积(m²)	人数
一、二级	三层	200	第二、三层的人数之和不超过 50 人
三级	三层	200	第二、三层的人数之和不超过 25 人
四级	二层	200	第二层人数不超过 15 人

5.5.9 一、二级耐火等级公共建筑内的安全出口全部直通室外确有困难的防火分区,可利用通向相邻防火分区的甲级防火门作为安全出口,但应符合下列要求:

① 利用通向相邻防火分区的甲级防火门作为安全出口时,应采用防火墙与相邻防火分区进行分隔;

② 建筑面积大于 1 000 m² 的防火分区,直通室外的安全出口不应少于两个;建筑面积不大于 1 000 m² 的防火分区,直

通室外的安全出口不应少于一个;

③ 该防火分区通向相邻防火分区的疏散净宽度不应大于其按本规范第 5.5.21 条规定计算所需疏散总净宽度的30%,建筑各层直通室外的安全出口总净宽度不应小于按照本规范第 5.5.21 条规定计算所需疏散总净宽度。

5.5.10 高层公共建筑的疏散楼梯,当分散设置确有困难且从任一疏散门至最近疏散楼梯间入口的距离不大于10 m 时,可采用剪刀楼梯间,但应符合下列规定:

① 楼梯间应为防烟楼梯间;

② 梯段之间应设置耐火极限不低于 1.00 h 的防火隔墙;

③ 楼梯间的前室应分别设置。

5.5.11 设置不少于两部疏散楼梯的一、二级耐火等级多层公共建筑,如顶层局部升高,当高出部分的层数不超过两层、人数之和不超过 50 人且每层建筑面积不大于200 m² 时,高出部分可设置一部疏散楼梯,但至少应另外设置一个直通建筑主体上人平屋面的安全出口,且上人屋面应符合人员安全疏散的要求。

5.5.12 一类高层公共建筑和建筑高度大于 32 m 的二类高层公共建筑,其疏散楼梯应采用防烟楼梯间。

裙房和建筑高度不大于 32 m 的二类高层公共建筑,其疏散楼梯应采用封闭楼梯间。

注:当裙房与高层建筑主体之间设置防火墙时,裙房的疏散楼梯可按本规范有关单、多层建筑的要求确定。

5.5.13 下列多层公共建筑的疏散楼梯,除与敞开式外廊直接相连的楼梯间外,均应采用封闭楼梯间:

① 医疗建筑、旅馆及类似使用功能的建筑;

② 设置歌舞娱乐放映游艺场所的建筑;

③ 商店、图书馆、展览建筑、会议中心及类似使用功能的建筑;

④ 六层及以上的其他建筑。

5.5.13A 老年人照料设施的疏散楼梯或疏散楼梯间宜与敞开式外廊直接连通,不能与敞开式外廊直接连通的室内疏散楼梯应采用封闭楼梯间。

建筑高度大于 24 m 的老年人照料设施,其室内疏散楼梯应采用防烟楼梯间;建筑高度大于 32 m 的老年人照料设施,宜在 32 m 以上部分增设能连通老年人居室和公共活动场所的连廊,各层连廊应直接与疏散楼梯、安全出口或室外避难场地连通。

5.5.14 公共建筑内的客、货电梯宜设置电梯候梯厅,不宜直接设置在营业厅、展览厅、多功能厅等场所内。老年人照料设施内的非消防电梯应采取防烟措施,当火灾情况下需用于辅助人员疏散时,该电梯及其设置应符合本规范有关消防电梯及其设置要求。

5.5.15 公共建筑内房间的疏散门数量应经计算确定且不应少于两个。除托儿所、幼儿园、老年人照料设施、医疗建筑、教学建筑内位于走道尽端的房间外,符合下列条件之一

的房间可设置一个疏散门:

① 位于两个安全出口之间或袋形走道两侧的房间,对于托儿所、幼儿园、老年人照料设施,建筑面积不大于 50 m²;对于医疗建筑、教学建筑,建筑面积不大于 75 m²;对于其他建筑或场所,建筑面积不大于 120 m²;

② 位于走道尽端的房间,建筑面积小于 50 m² 且疏散门的净宽度不小于 0.9 m,或由房间内任一点至疏散门的直线距离不大于 15 m、建筑面积不大于 200 m² 且疏散门的净宽度不小于 1.4 m;

③ 歌舞娱乐放映游艺场所内建筑面积不大于 50 m² 且经常停留人数不超过 15 人的厅、室。

5.5.16 剧场、电影院、礼堂和体育馆的观众厅或多功能厅,其疏散门的数量应经计算确定且不应少于两个,并应符合下列规定:

① 对于剧场、电影院、礼堂的观众厅或多功能厅,每个疏散门的平均疏散人数不应超过 250 人;当容纳人数超过 2 000 人时,其超过 2 000 人的部分,每个疏散门的平均疏散人数不应超过 400 人;

② 对于体育馆的观众厅,每个疏散门的平均疏散人数不宜超过 400~700 人。

5.5.17 公共建筑的安全疏散距离应符合下列规定:

① 直通疏散走道的房间疏散门至最近安全出口的直线距离不应大于表 5.5.17 的规定;

表 5.5.17 直通疏散走道的房间疏散门至最近安全出口的直线距离(m)

名称		位于两个安全出口之间的疏散门			位于袋形走道两侧或尽端的疏散门		
		一、二级	三级	四级	一、二级	三级	四级
托儿所、幼儿园、老年人照料设施		25	20	15	20	15	10
歌舞娱乐放映游艺场所		25	20	15	9	—	—
医疗建筑	单、多层	35	30	25	20	15	10
	高层 病房部分	24	—	—	12	—	—
	高层 其他部分	30	—	—	15	—	—
教学建筑	单、多层	35	30	25	22	20	10
	高层	30	—	—	15	—	—
高层旅馆、展览建筑		30	—	—	15	—	—
其他建筑	单、多层	40	35	25	22	20	15
	高层	40	—	—	20	—	—

注：① 建筑内开向敞开式外廊的房间疏散门至最近安全出口的直线距离可按本表的规定增加 5m；

② 直通疏散走道的房间疏散门至最近敞开楼梯间的直线距离，当房间位于两个楼梯间之间时，应按本表的规定减少 5m；当房间位于袋形走道两侧或尽端时，应按本表的规定减少 2m；

③ 建筑物内全部设置自动喷水灭火系统时，其安全疏散距离可按本表的规定增加 25%。

② 楼梯间应在首层直通室外确有困难时,可在首层采用扩大的封闭楼梯间或防烟楼梯间前室。当层数不超过四层且未采用扩大的封闭楼梯间或防烟楼梯间前室时,可将直通室外的门设置在离楼梯间不大于15 m处;

③ 房间内任一点至房间直通疏散走道的疏散门的直线距离,不应大于表5.5.17规定的袋形走道两侧或尽端的疏散门至最近安全出口的直线距离;

④ 一、二级耐火等级建筑内疏散门或安全出口不少于两个的观众厅、展览厅、多功能厅、餐厅、营业厅等,其室内任一点至最近疏散门或安全出口的直线距离不应大于30 m;当疏散门不能直通室外地面或疏散楼梯间时,应采用长度不大于10 m的疏散走道通至最近的安全出口。

当该场所设置自动喷水灭火系统时,室内任一点至最近安全出口的安全疏散距离可分别增加25%。

5.5.18 除本规范另有规定外,公共建筑内疏散门和安全出口的净宽度不应小于0.90 m,疏散走道和疏散楼梯的净宽度不应小于1.10 m。高层公共建筑内楼梯间的首层疏散门、首层疏散外门、疏散走道和疏散楼梯的最小净宽度应符合表5.5.18的规定。

5.5.19 人员密集的公共场所、观众厅的疏散门不应设置门槛,其净宽度不应小于1.40 m,且紧靠门口内外各1.40 m范围内不应设置踏步,人员密集的公共场所的室外疏散通道的净宽度不应小于3.00 m,并应直接通向宽敞地带。

表 5.5.18　高层公共建筑内楼梯间的首层疏散门、首层疏散外门、

疏散走道和疏散楼梯的最小净宽度(m)

建筑类别	楼梯间的首层疏散门、首层疏散外门	走道		疏散楼梯
		单面布房	双面布房	
高层医疗建筑	1.3	1.4	1.5	1.3
其他高层公共建筑	1.2	1.3	1.4	1.2

5.5.20　剧场、电影院、礼堂、体育馆等场所的疏散走道、疏散楼梯、疏散门、安全出口的各自总净宽度,应符合下列规定:

①　观众厅内疏散走道的净宽度应按每 100 m 不小于 0.60 m 计算,且不应小于 1.00 m;边走道的净宽度不宜小于 0.80 m(布置疏散走道时,横走道之间的座位排数不宜超过 20 排;纵走道之间的座位数,剧场、电影院、礼堂等每排不宜超过 22 个;体育馆每排不宜超过 26 个;前后排座椅的排距不小于 0.90 m 时,可增加 1.0 倍,但不得超过 50 个;仅一侧有纵走道时,座位数应减少一半);

②　剧场、电影院、礼堂等场所供观众疏散的所有内门、外门、楼梯和走道的各自总净宽度,应根据疏散人数按每 100 人的最小疏散净宽度不小于表 5.5.20-1 的规定计算确定;

表5.5.20-1　剧场、电影院、礼堂等场所每100人所需
最小疏散净宽度(m/百人)

观众厅座位数(座)			≤2 500	≤1 200
耐火等级			一、二级	三级
疏散部位	门和走道	平坡地面	0.65	0.85
		阶梯地面	0.75	1.00
	楼梯		0.75	1.00

③ 体育馆供观众疏散的所有内门、外门、楼梯和走道的
各自总净宽度,应根据疏散人数按每100人的最小疏散净宽
度不小于表5.5.20-2的规定计算确定;

表5.5.20-2　体育馆每100人所需最小疏散净宽度(m/百人)

观众厅座位数范围(座)			3 000~5 000	5 001~10 000	10 001~20 000
疏散部位	门和走道	平坡地面	0.43	0.37	0.32
		阶梯地面	0.50	0.43	0.37
	楼梯		0.50	0.43	0.37

注:本表中对应较大座位数范围按规定计算的疏散总净宽度,不应小于对应相
邻较小座位数范围按其最多座位数计算的疏散总净宽度。对于观众厅座位
数少于3 000个的体育馆,计算供观众疏散的所有内门、外门、楼梯和走道的
各自总净宽度时,每100人的最小疏散净宽度不应小于表5.5.20-1的规定。

④ 有等场需要的入场门不应作为观众厅的疏散门。

5.5.21　除剧场、电影院、礼堂、体育馆外的其他公共建
筑,其房间疏散门、安全出口、疏散走道和疏散楼梯的各自总
净宽度,应符合下列规定:

① 每层的房间疏散门、安全出口、疏散走道和疏散楼梯的各自总净宽度,应根据疏散人数按每 100 人的最小疏散净宽度不小于表 5.5.21-1 的规定计算确定。当每层疏散人数不等时,疏散楼梯的总净宽度可分层计算,地上建筑内下层楼梯的总净宽度应按该层及以上疏散人数最多一层的人数计算;地下建筑内上层楼梯的总净宽度应按该层及以下疏散人数最多一层的人数计算;

表 5.5.21-1　每层的房间疏散门、安全出口、疏散走道和疏散楼梯的每 100 人所需最小疏散净宽度(m/百人)

建筑层数		建筑的耐火等级		
		一、二级	三级	四级
地上楼层	一、二层	0.65	0.75	1.00
	三层	0.75	1.00	—
	四层及以上	1.00	1.25	—
地下楼层	与地面出入口地面的高差△H≤10 m	0.75	—	—
	与地面出入口地面的高差△H>10 m	1.00	—	—

② 地下或半地下人员密集的厅、室和歌舞娱乐放映游艺场所,其房间疏散门、安全出口、疏散走道和疏散楼梯的各自总净宽度,应根据疏散人数按每 100 人不少于 1.00 m 计算确定;

③ 首层外门的总净宽度应按该建筑疏散人数最多一层

的人数计算确定;不供其他楼层人员疏散的外门,可按本层的疏散人数计算确定;

④ 歌舞娱乐放映游艺场所中录像厅的疏散人数,应根据厅、室的建筑面积按不小于 1.0 人/m² 计算;其他歌舞娱乐放映游艺场所的疏散人数,应根据厅、室的建筑面积按不小于 0.5 人/m² 计算;

⑤ 有固定座位的场所,其疏散人数可按实际座位数的 1.1 倍计算;

⑥ 展览厅的疏散人数应根据展览厅的建筑面积和人员密度计算,展览厅内的人员密度不宜小于 0.75 人/m² 确定;

⑦ 商店的疏散人数应按每层营业厅的建筑面积乘以表 5.5.21-2 规定的人员密度计算。对于建材商店、家具和灯饰展示建筑,其人员密度可按表 5.5.21-2 规定值的 30% 确定。

表 5.5.21-2　商店营业厅内的人员密度(人/m²)

楼层位置	地下二层	地下一层	地上第一、二层	地上第三层	地上第四层及以上各层
人员密度	0.56	0.60	0.43~0.60	0.39~0.54	0.30~0.42

5.22 人员密集的公共建筑不宜在窗口、阳台等部位设置封闭的金属栅栏,确需设置时,应能从内部易于开启;窗口、阳台等部位宜根据其高度设置适用的辅助疏散逃生设施。

5.5.23　建筑高度大于 100 m 的公共建筑,应设置避难层(间)。避难层(间)应符合下列规定：

① 第一个避难层(间)的楼地面至灭火救援场地地面的高度不应大于 50 m,两个避难层(间)之间的高度不宜大于 50 m;

② 通向避难层(间)的疏散楼梯应在避难层分隔、同层错位或上下层断开;

③ 避难层(间)的净面积应能满足设计避难人数避难的要求,并宜按 5.0 人/m² 计算;

④ 避难层可兼作设备层。设备管道宜集中布置,其中的易燃、可燃液体或气体管道应集中布置,设备管道区应采用耐火极限不低于 3.00 h 的防火隔墙与避难区分隔;管道井和设备间应采用耐火极限不低于 2.00 h 的防火隔墙与避难区分隔,管道井和设备间的门不应直接开向避难区;确需直接开向避难区时,与避难层区出入口的距离不应小于 5 m,且应采用甲级防火门;避难间内不应设置易燃、可燃液体或气体管道,不应开设除外窗、疏散门之外的其他开口;

⑤ 避难层应设置消防电梯出口;

⑥ 应设置消火栓和消防软管卷盘;

⑦ 应设置消防专线电话和应急广播;

⑧ 在避难层(间)进入楼梯间的入口处和疏散楼梯通向避难层(间)的出口处,应设置明显的指示标志;

⑨ 应设置直接对外的可开启窗口或独立的机械防烟设

施,外窗应采用乙级防火窗。

5.5.24 高层病房楼应在二层及以上的病房楼层和洁净手术部设置避难间。避难间应符合下列规定:

① 避难间服务的护理单元不应超过两个,其净面积应按每个护理单元不小于 25.0 m² 确定;

② 避难间兼作其他用途时,应保证人员的避难安全,且不得减少可供避难的净面积;

③ 应靠近楼梯间,并应采用耐火极限不低于 2.00 h 的防火隔墙和甲级防火门与其他部位分隔;

④ 应设置消防专线电话和消防应急广播;

⑤ 避难间的入口处应设置明显的指示标志;

⑥ 应设置直接对外的可开启窗口或独立的机械防烟设施,外窗应采用乙级防火窗。

5.5.24A 三层及三层以上总建筑面积大于 3 000 m²(包括设置在其他建筑内三层及以上楼层)的老年人照料设施,应在二层及以上各层老年人照料设施部分的每座疏散楼梯间的相邻部位设置一间避难间;当老年人照料设施设置与疏散楼梯或安全出口直接连通的开敞式外廊、与疏散走道直接连通且符合人员避难要求的室外平台等时,可不设置避难间。避难间内可供避难的净面积不应小于 12 m²,避难间可利用疏散楼梯间的前室或消防电梯的前室,其他要求应符合本规范第 5.5.24 条的规定。供失能老年人使用且层数大于二层的老年人照料设施,应按核定使用人数配备简易防毒面具。

Ⅲ 住宅建筑

5.5.25 住宅建筑安全出口的设置应符合下列规定：

① 建筑高度不大于 27 m 的建筑，当每个单元任一层的建筑面积大于 650 m²，或任一户门至最近安全出口的距离大于 15 m 时，每个单元每层的安全出口不应少于两个；

② 建筑高度大于 27 m 但不大于 54 m 的建筑，当每个单元任一层的建筑面积大于 650 m²，或任一户门至最近安全出口的距离大于 10 m 时，每个单元每层的安全出口不应少于两个；

③ 建筑高度大于 54 m 的建筑，每个单元每层的安全出口不应少于两个。

5.5.26 建筑高度大于 27 m 但不大于 54 m 的住宅建筑，每个单元设置一座疏散楼梯时，疏散楼梯应通至屋面，且单元之间的疏散楼梯应能通过屋面连通，户门应采用乙级防火门。当不能通至屋面或不能通过屋面连通时，应设置两个安全出口。

5.5.27 住宅建筑的疏散楼梯设置应符合下列规定：

① 建筑高度不大于 21 m 的住宅建筑可采用敞开楼梯间；与电梯井相邻布置的疏散楼梯应采用封闭楼梯间，当户门采用乙级防火门时，仍可采用敞开楼梯间；

② 建筑高度大于 21 m 但不大于 33 m 的住宅建筑应采用封闭楼梯间；当户门采用乙级防火门时，可采用敞开楼梯间；

③ 建筑高度大于 33 m 的住宅建筑应采用防烟楼梯间。

户门不宜直接开向前室;确有困难时,每层开向同一前室的户门不应大于3樘且应采用乙级防火门。

5.5.28 住宅单元的疏散楼梯,当分散设置确有困难且任一户门至最近疏散楼梯间入口的距离不大于10 m时,可采用剪刀楼梯间,但应符合下列规定:

① 应采用防烟楼梯间;

② 梯段之间应设置耐火极限不低于1.00 h的防火隔墙;

③ 楼梯间的前室不宜共用;共用时,前室的使用面积不应小于6.0 m²;

④ 楼梯间的前室或共用前室不宜与消防电梯的前室合用;楼梯间的共用前室与消防电梯的前室合用时,合用前室的使用面积不应小于12.0 m²,且短边不应小于2.4 m。

5.5.29 住宅建筑的安全疏散距离应符合下列规定:

① 直通疏散走道的户门至最近安全出口的直线距离不应大于表5.5.29的规定;

表5.5.29 住宅建筑直通疏散走道的户门至最近安全出口的直线距离(m)

住宅建筑类别	位于两个安全出口之间的大门			位于袋形走道两侧或近端的大门		
	一、二级	三级	四级	一、二级	三级	四级
单、多层	40	35	25	22	20	15
高层	40	—	—	20	—	—

注:① 开向敞开式外廊的户门至最近安全出口的最大直线距离可按本表的规定

增加 5 m;

② 直通疏散走道的户门至最近散开楼梯间的直线距离,当户门位于两个楼梯间之间时,应按本表的规定减少 5 m;当户门位于袋形走道两侧或尽端时,应按本表的规定减少 2 m;

③ 住宅建筑内全部设置自动喷水灭火系统时,其安全疏散距离可按本表的规定增加 25%;

④ 跃廊式住宅的户门至最近安全出口的距离,应从户门算起,小楼梯的一段距离可按其水平投影长度的 1.50 倍计算。

② 楼梯间应在首层直通室外,或在首层采用扩大的封闭楼梯间或防烟楼梯间前室;层数不超过四层时,可将直通室外的门设置在离楼梯间不大于 15 m 处;

③ 户内任一点至直通疏散走道的户门的直线距离不应大于表 5.5.29 规定的袋形走道两侧或尽端的疏散门至最近安全出口的最大直线距离。

注:跃层式住宅,户内楼梯的距离可按其梯段水平投影长度的 1.50 倍计算。

5.5.30 住宅建筑的户门、安全出口、疏散走道和疏散楼梯的各自总净宽度应经计算确定,且户门和安全出口的净宽度不应小于 0.90 m,疏散走道、疏散楼梯和首层疏散外门的净宽度不应小于 1.10 m。建筑高度不大于 18 m 的住宅中一边设置栏杆的疏散楼梯,其净宽度不应小于 1.0 m。

5.5.31 建筑高度大于 100 m 的住宅建筑应设置避难层,避难层的设置应符合本规范第 5.5.23 条有关避难层的要求。

5.5.32 建筑高度大于 54 m 的住宅建筑,每户应有一间房间符合下列规定:

① 应靠外墙设置,并应设置可开启外窗;

② 内、外墙体的耐火极限不应低于 1.00 h,该房间的门宜采用乙级防火门,外窗的耐火完整性不宜低于 1.00 h。

6 防火分隔

6.1 防火分区

核对防火分区位置、形式及完整性。

验收依据 《建筑设计防火规范》GB 50016－2014
(2018 年版)第 5.3 节;《汽车库、修车库、停车场设计防火规
范》GB 50067-2014 第 5.1 节。

主要内容

《建筑设计防火规范》GB 50016-2014(2018 年版)

5.3.1 除本范围另有规定外,不同耐火等级建筑的允许
建筑高度或层数、防火分区最大允许建筑面积应符合表
5.3.1 的规定。

5.3.1A 独立建造的一、二级耐火等级老年人照料设施
的建筑高度不宜大于 32 m,不应大于 54 m;独立建造的三级
耐火等级老年人照料设施,不应超过两层。

表 5.3.1 不同耐火等级建筑的允许建筑高度或层数、防火分区最大允许建筑面积

名称	耐火等级	允许建筑高度或层数	防火分区的最大允许建筑面积(m²)	备注
高层民用建筑	一、二级	按本规范第5.1.1条确定	1 500	对于体育馆、剧场的观众厅,防火分区的最大允许建筑面积可适当增加
单、多层民用建筑	一、二级	按本规范第5.1.1条确定	2 500	
	三级	五层	1 200	
	四级	二层	600	
地下或半地下建筑(室)			500	设备用房的防火分区最大允许建筑面积不应大于1 000 m²

注:① 表中规定的防火分区最大允许建筑面积,当建筑内设置自动灭火系统时,可按本表的规定增加1.0倍;局部设置时,防火分区的增加面积可按该局部面积的1.0倍计算;

② 裙房与高层建筑主体之间设置防火墙时,裙房的防火分区可按单、多层建筑的要求确定。

5.3.2 建筑内设置自动扶梯、敞开楼梯等上、下层相连通的开口时,其防火分区的建筑面积应按上、下层相连通的建筑面积叠加计算;当叠加计算后的建筑面积大于本规范第5.3.1条的规定时,应划分防火分区。建筑内设置中庭时,其防火分区的建筑面积应按上、下层相连通的建筑面积叠加计算;当叠加计算后的建筑面积大于本规范第5.3.1条的规定时,应符合下列规定:

① 与周围连通空间应进行防火分隔,采用防火隔墙时,其耐火极限不应低于 1.00 h;采用防火玻璃墙时,其耐火隔热性和耐火完整性不应低于 1.00 h;采用耐火完整性不低于 1.00 h 的非隔热性防火玻璃墙时,应设置自动喷水灭火系统进行保护;采用防火卷帘时,其耐火极限不应低于 3.00 h,并应符合本规范第 6.5.3 条的规定;与中庭相连通的门、窗,应采用火灾时能自行关闭的甲级防火门、窗;

② 高层建筑内的中庭回廊应设置自动喷水灭火系统和火灾自动报警系统;

③ 中庭应设置排烟设施;

④ 中庭内不应布置可燃物。

5.3.3 防火分区之间应采用防火墙分隔,确有困难时,可采用防火卷帘等防火分隔设施分隔。采用防火卷帘分隔时,应符合本规范第 6.5.3 条的规定。

5.3.4 一、二级耐火等级建筑内的商店营业厅、展览厅,当设置自动灭火系统和火灾自动报警系统并采用不燃或难燃装修材料时,其每个防火分区的最大允许建筑面积应符合下列规定:

① 设置在高层建筑内时,不应大于 4 000 m²;

② 设置在单层建筑或仅设置在多层建筑的首层内时,不应大于 10 000 m²;

③ 设置在地下或半地下时,不应大于 2 000 m²。

5.3.5 总建筑面积大于 20 000 m² 的地下或半地下商

店,应采用无门、窗、洞口的防火墙、耐火极限不低于 2.00 h 的楼板分隔为多个建筑面积不大于 20 000 m² 的区域。相邻区域确需局部连通时,应采用下沉式广场等室外开敞空间、防火隔间、避难走道、防烟楼梯间等方式进行连通,并应符合下列规定:

① 下沉式广场等室外开敞空间应能防止相邻区域的火灾蔓延和便于安全疏散,并应符合本规范第 6.4.12 条的规定;

② 防火隔间的墙应为耐火极限不低于 3.00 h 的防火隔墙,并应符合本规范第 6.4.13 条的规定;

③ 避难走道应符合本规范第 6.4.14 条的规定;

④ 防烟楼梯间的门应采用甲级防火门。

5.3.6 餐饮、商店等商业设施通过有顶棚的步行街连接,且步行街两侧的建筑需利用步行街进行安全疏散时,应符合下列规定。

① 步行街两侧建筑的耐火等级不应低于二级。

② 步行街两侧建筑相对面的最近距离均不应小于本规范对相应高度建筑的防火间距要求且不应小于 9 m;步行街的端部在各层均不宜封闭,确需封闭时,应在外墙上设置可开启的门窗,且可开启门窗的面积不应小于该部位外墙面积的一半;步行街的长度不宜大于 300 m。

③ 步行街两侧建筑的商铺之间应设置耐火极限不低于 2.00 h 的防火隔墙,每间商铺的建筑面积不宜大于 300 m²。

④ 步行街两侧建筑的商铺,其面向步行街一侧的围护构件的耐火极限不应低于 1.00 h,并宜采用实体墙,其门、窗应采用乙级防火门、窗;当采用防火玻璃墙(包括门、窗)时,其耐火隔热性和耐火完整性不应低于 1.00 h;当采用耐火完整性不低于 1.00 h 的非隔热性防火玻璃墙(包括门、窗)时,应设置闭式自动喷水灭火系统进行保护。相邻商铺之间面向步行街一侧应设置宽度不小于 1.0 m 且耐火极限不低于 1.00 h 的实体墙。

当步行街两侧的建筑为多个楼层时,每层面向步行街一侧的商铺均应设置防止火灾竖向蔓延的措施,并应符合本规范第 6.2.5 条的规定;设置回廊或挑檐时,其出挑宽度不应小于 1.2 m;步行街两侧的商铺在上部各层需设置回廊和连接天桥时,应保证步行街上部各层楼板的开口面积不应小于步行街地面面积的 37%,且开口宜均匀布置。

⑤ 步行街两侧建筑内的疏散楼梯应靠外墙设置并宜直通室外,确有困难时,可在首层直接通至步行街;首层商铺的疏散门可直接通至步行街,步行街内任一点到达最近室外安全地点的步行距离不应大于 60 m;步行街两侧建筑二层及以上各层商铺的疏散门至该层最近疏散楼梯口或其他安全出口的直线距离不应大于 37.5 m。

⑥ 步行街的顶棚材料应采用不燃或难燃材料,其承重结构的耐火极限不应低于 1.00 h;步行街内不应布置可燃物。

⑦ 步行街的顶棚下檐距地面的高度不应小于 6.0 m,顶

棚应设置自然排烟设施并宜采用常开式的排烟口,且自然排烟口的有效面积不应小于步行街地面面积的 25%;常闭式自然排烟设施应能在火灾时手动和自动开启。

⑧ 步行街两侧建筑的商铺外应每隔 30 m 设置 DN65 的消火栓,并应配备消防软管卷盘或消防水龙,商铺内应设置自动喷水灭火系统和火灾自动报警系统;每层回廊均应设置自动喷水灭火系统。步行街内宜设置自动跟踪定位射流灭火系统。

⑨ 步行街两侧建筑的商铺内外均应设置疏散照明、灯光疏散指示标志和消防应急广播系统。

《汽车库、修车库、停车场设计防火规范》GB 50067-2014

5.1.1 汽车库防火分区的最大允许建筑面积应符合表 5.1.1 的规定。其中,敞开式、错层式、斜楼板式汽车库的上下连通层面积应叠加计算,每个防火分区的最大允许建筑面积不应大于表 5.1.1 规定的 2.0 倍;室内有车道且有人员停留的机械式汽车库,其防火分区最大允许建筑面积应按表5.1.1 的规定减少 35%。

表 5.1.1 汽车库防火分区的最大允许建筑面积(m^2)

耐火等级	单层汽车库	多层汽车库、半地下汽车库	地下汽车库、高层汽车库
一、二级	3 000	2 500	2 000
三级	1 000	不允许	不允许

注:除本规范另有规定外,防火分区之间应采用符合本规范规定的防火墙、防火卷帘等分隔。

5.1.2 设置自动灭火系统的汽车库,其每个防火分区的最大允许建筑面积不应大于本规范第5.1.1条规定的2.0倍。

5.1.3 室内无车道且无人员停留的机械式汽车库,应符合下列规定:

① 当停车数量超过100辆时,应采用无门、窗、洞口的防火墙,分隔为多个停车数量不大于100辆的区域,但当采用防火隔墙和耐火极限不低于1.00 h的不燃性楼板分隔成多个停车单元,且停车单元内的停车数量不大于3辆时,应分隔为停车数量不大于300辆的区域;

② 汽车库内应设置火灾自动报警系统和自动喷水灭火系统,自动喷水灭火系统应选用快速响应喷头;

③ 楼梯间及停车区的检修通道上应设置室内消火栓;

④ 汽车库内应设置排烟设施,排烟口应设置在运输车辆的通道顶部。

5.1.4 甲、乙类物品运输车的汽车库、修车库,每个防火分区的最大允许建筑面积不应大于500 m²。

5.1.5 修车库每个防火分区的最大允许建筑面积不应大于2 000 m²,当修车部位与相邻使用有机溶剂的清洗和喷漆工段采用防火墙分隔时,每个防火分区的最大允许建筑面积不应大于4 000 m²。

5.1.6 汽车库、修车库与其他建筑合建时,应符合下列规定:

① 当贴邻建造时,应采用防火墙隔开;

② 设在建筑物内的汽车库(包括屋顶停车场)、修车库与其他部位之间,应采用防火墙和耐火极限不低于 2.00 h 的不燃性楼板分隔;

③ 汽车库、修车库的外墙门、洞口的上方,应设置耐火极限不低于 1.00 h、宽度不小于 1.0 m、长度不小于开口宽度的不燃性防火挑檐;

④ 汽车库、修车库的外墙上、下层开口之间墙的高度,不应小于 1.2 m 或设置耐火极限不低于 1.00 h、宽度不小于 1.0 m 的不燃性防火挑檐。

5.1.7 汽车库内设置修理车位时,停车部位与修车部位之间应采用防火墙和耐火极限不低于 2.00 h 的不燃性楼板分隔。

5.1.8 修车库内使用有机溶剂清洗和喷漆的工段,当超过 3 个车位时,均应采用防火隔墙等分隔措施。

5.1.9 附设在汽车库、修车库内的消防控制室、自动灭火系统的设备室、消防水泵房和排烟、通风空气调节机房等,应采用防火隔墙和耐火极限不低于 1.50 h 的不燃性楼板相互隔开或与相邻部位分隔。

6.2 防火墙

查看设置位置及方式;查看防火封堵情况;核查墙的燃烧性能。

验收依据 依据消防设计文件核查墙体厚度和材料,

《建筑设计防火规范》GB 50016-2014（2018 年版）第 6.1.1、6.1.5、6.1.6 条。

主要内容

6.1.1 防火墙应直接设置在建筑的基础或框架、梁等承重结构上,框架、梁等承重结构的耐火极限不应低于防火墙的耐火极限。

防火墙应从楼地面基层隔断至梁、楼板或屋面板的底面基层。当高层厂房（仓库）屋顶承重结构和屋面板的耐火极限低于 1.00 h,其他建筑屋顶承重结构和屋面板的耐火极限低于 0.50 h 时,防火墙应高出屋面 0.5 m 以上。

6.1.5 防火墙上不应开设门、窗、洞口,确需开设时,应设置不可开启或火灾时能自动关闭的甲级防火门、窗。

可燃气体和甲、乙、丙类液体的管道严禁穿过防火墙。防火墙内不应设置排气道。

6.1.6 除本规范第 6.1.5 条规定外的其他管道不宜穿过防火墙,确需穿过时,应采用防火封堵材料将墙与管道之间的空隙紧密填实,穿过防火墙处的管道保温材料,应采用不燃材料;当管道为难燃及可燃材料时,应在防火墙两侧的管道上采取防火措施。

6.3　防火卷帘

查看设置类型、位置和防火封堵严密性;测试手动、自动控制功能;抽查防火卷帘,并核对其证明文件。

验收依据 《建筑设计防火规范》GB 50016‐2014
(2018年版)第6.5.3条;《防火卷帘、防火门、防火窗施工及验
收规范》GB 50877‐2014第4.2.1、5.2.9条。

主要内容

《建筑设计防火规范》GB 50016‐2014(2018年版)

6.5.3 防火分隔部位设置防火卷帘时,应符合下列
规定:

① 除中庭外,当防火分隔部位的宽度不大于30 m时,防
火卷帘的宽度不应大于10 m;当防火分隔部位的宽度大于
30 m时,防火卷帘的宽度不应大于该部位宽度的1/3,且不
应大于20 m;

② 防火卷帘应具有火灾时靠自重自动关闭功能;

③ 除本规范另有规定外,防火卷帘的耐火极限不应低于
本规范对所设置部位墙体的耐火极限要求;当防火卷帘的耐
火极限符合现行国家标准《门和卷帘的耐火试验方法》
GB/T 7633有关耐火完整性和耐火隔热性的判定条件时,可
不设置自动喷水灭火系统保护;当防火卷帘的耐火极限仅符
合现行国家标准《门和卷帘的耐火试验方法》GB/T 7633有
关耐火完整性的判定条件时,应设置自动喷水灭火系统保
护,自动喷水灭火系统的设计应符合现行国家标准《自动喷
水灭火系统设计规范》GB 50084的规定,但火灾延续时间不
应小于该防火卷帘的耐火极限;

④ 防火卷帘应具有防烟性能,与楼板、梁、墙、柱之间的空隙应采用防火封堵材料封堵;

⑤ 需在火灾时自动降落的防火卷帘,应具有信号反馈的功能;

⑥ 其他要求,应符合现行国家标准《防火卷帘》GB 14102的规定。

《防火卷帘、防火门、防火窗施工及验收规范》GB 50877-2014

4.2.1 防火卷帘及与其配套的感烟和感温火灾探测器等应具有出厂合格证和符合市场准入制度规定的有效证明文件,其型号、规格及耐火性能等应符合设计要求。

5.2.9 防火卷帘、防护罩等与楼板、梁和墙、柱之间的空隙,应采用防火封堵材料等封堵,封堵部位的耐火极限不应低于防火卷帘的耐火极限。

6.4 防火门、窗

查看设置位置、类型、开启方式,核对设置数量,检查安装质量;测试常闭防火门的自闭功能,常开防火门、窗的联动控制功能;抽查防火门、防火窗、闭门器、防火玻璃等,并核对其证明文件。

验收依据 《建筑设计防火规范》GB 50016-2014(2018年版)6.5.1条;《防火卷帘、防火门、防火窗施工及验收规范》

GB 50877-2014 第 4.3.1、4.4.1 条。

主要内容

《建筑设计防火规范》GB 50016-2014(2018 年版)

6.5.1 防火门的设置应符合下列规定:

① 设置在建筑内经常有人通行处的防火门宜采用常开防火门,常开防火门应能在火灾时自行关闭,并应具有信号反馈的功能;

② 除允许设置常开防火门的位置外,其他位置的防火门均应采用常闭防火门,常闭防火门应在其明显位置设置"保持防火门关闭"等提示标识;

③ 除管井检修门和住宅的户门外,防火门应具有自行关闭功能,双扇防火门应具有按顺序自行关闭的功能;

④ 除本规范第 6.4.11 条第 4 款的规定外,防火门应能在其内外两侧手动开启;

⑤ 设置在建筑变形缝附近时,防火门应设置在楼层较多的一侧,并应保证防火门开启时门扇不跨越变形缝;

⑥ 防火门关闭后应具有防烟性能;

⑦ 甲、乙、丙级防火门应符合现行国家标准《防火门》GB 12955 的规定。

《防火卷帘、防火门、防火窗施工及验收规范》GB 50877-2014

4.3.1 防火门应具有出厂合格证和符合市场准入制度规定的有效证明文件,其型号、规格及耐火性能应符合设计要求。

4.4.1 防火窗应具有出厂合格证和符合市场准入制度规定的有效证明文件,其型号、规格及耐火性能应符合设计要求 4.4.1 防火窗应具有出厂合格证和符合市场准入制度规定的有效证明文件,其型号、规格及耐火性能应符合设计要求。

6.5　竖向管道井

查看设置位置和检查门的设置;查看井壁的耐火极限、防火封堵严密性。

验收依据　《建筑设计防火规范》GB 50016-2014(2018 年版)第 6.2.9 条。

主要内容

6.2.9　建筑内的电梯井等竖井应符合下列规定:

①电梯井应独立设置,井内严禁敷设可燃气体和甲、乙、丙类液体管道,不应敷设与电梯无关的电缆、电线等;电梯井的井壁除设置电梯门、安全逃生门和通气孔洞外,不应设置其他开口;

②电缆井、管道井、排烟道、排气道、垃圾道等竖向井道,应分别独立设置;井壁的耐火极限不应低于 1.00 h,井壁上的检查门应采用丙级防火门;

③建筑内的电缆井、管道井应在每层楼板处采用不低于

楼板耐火极限的不燃材料或防火封堵材料封堵,建筑内的电缆井、管道井与房间、走道等相连通的孔隙应采用防火封堵材料封堵;

④ 建筑内的垃圾道宜靠外墙设置,垃圾道的排气口应直接开向室外,垃圾斗应采用不燃材料制作,并应能自行关闭;

⑤ 电梯层门的耐火极限不应低于 1.00 h,并应符合现行国家标准《电梯层门耐火试验完整性、隔热性和热通量测定法》GB/T 27903 规定的完整性和隔热性要求。

6.6 其他有防火分隔要求的部位

查看窗间墙、窗槛墙、玻璃幕墙、防火墙两侧及转角处洞口等的设置、分隔设施和防火封堵。

验收依据 《住宅设计标准》DGJ 08-20-2019 第 7.6 节;《住宅建筑规范》GB 50368-2005 第 9.4.1 条;《建筑幕墙工程技术规范》DGJ 08-56-2012 第 7.2.6、7.2.5 条;《玻璃幕墙工程技术规范》JGJ 102-2003 第 3.1.3、3.7.3 条;《建筑设计防火规范》GB 50016-2014(2018 年版)第 6.2.1—6.2.8 条。

主要内容

《住宅设计标准》DGJ 08-20-2019

7.6.1 防火分隔的建筑构造的设置应符合现行国家标准《建筑设计防火规范》GB 50016 的相关规定。

7.6.2 楼梯间或前室(合用前室)与房间窗口之间,楼梯

间与前室（合用前室）的窗口之间，水平距离不应小于
1.00 m；转角两侧的窗口之间最近边缘的水平距离不应小于
2.00 m。

7.6.3 住宅建筑外墙上相邻单元住户开口之间的墙体
宽度不应小于 1.00 m；小于 1.00 m 时，应在开口之间设置突
出外墙不小于 0.60 m 的隔板。

7.6.4 设置商业服务网点的住宅建筑，其居住部分与商
业服务网点之间应采用耐火极限不低于 2.00 h 的不燃性楼
板和耐火极限不低于 2.00 h 且无门、窗、洞口的防火隔墙完
全分隔；住宅部分和商业服务网点部分的安全出口和疏散楼
梯应分别独立设置。

7.6.5 中高层、高层住宅不应设置全封闭的内天井。

《**住宅建筑规范**》GB 50368-2005

9.4.1 住宅建筑上下相邻套房开口部位间应设置高度
不低于 0.8 m 的窗槛墙或设置耐火极限不低于 1.00 h 的不燃
性实体挑檐，其出挑宽度不应小于 0.5 m，长度不应小于开口
宽度。

《**建筑幕墙工程技术规范**》DGJ 08-56-2012

7.2.5 紧靠建筑物内防火分隔墙两侧的玻璃幕墙之间
应设置水平距离不小于 2.0 m、耐火极限不低于 1.00 h 的实
体墙或防火玻璃墙。

7.2.6 建筑物内的防火墙设置在转角处时，内转角两侧
的玻璃幕墙之间应设置水平距离不小于 4.0 m、耐火极限不

低于 1.00 h 的实体墙或防火玻璃墙。

《玻璃幕墙工程技术规范》JGJ 102-2003

3.1.3 玻璃幕墙材料宜采用不燃性材料或难燃性材料;防火密封构造应采用防火密封材料。

3.7.3 玻璃幕墙的隔热保温材料,宜采用岩棉、矿棉、玻璃棉、防火板等不燃或难燃材料。

《建筑设计防火规范》GB 50016-2014(2018 年版)

6.2.1 剧场等建筑的舞台与观众厅之间的隔墙应采用耐火极限不低于 3.00 h 的防火隔墙。

舞台上部与观众厅闷顶之间的隔墙可采用耐火极限不低于 1.50 h 的防火隔墙,隔墙上的门应采用乙级防火门。

舞台下部的灯光操作室和可燃物储藏室应采用耐火极限不低于 2.00 h 的防火隔墙与其他部位分隔。

电影放映室、卷片室应采用耐火极限不低于 1.50 h 的防火隔墙与其他部位分隔,观察孔和放映孔应采取防火分隔措施。

6.2.2 医疗建筑内的手术室或手术部、产房、重症监护室、贵重精密医疗装备用房、储藏间、实验室、胶片室等,附设在建筑内的托儿所、幼儿园的儿童用房和儿童游乐厅等儿童活动场所、老年人照料设施,应采用耐火极限不低于 2.00 h 的防火隔墙和 1.00 h 的楼板与其他场所或部位分隔,墙上必须设置的门、窗应采用乙级防火门、窗。

6.2.3 建筑内的下列部位应采用耐火极限不低于 2.00 h

的防火隔墙与其他部位分隔,墙上的门、窗应采用乙级防火门、窗确有困难时,可采用防火卷帘,但应符合本规范第6.5.3 条的规定:

① 甲、乙类生产部位和建筑内使用丙类液体的部位;

② 厂房内有明火和高温的部位;

③ 甲、乙、丙类厂房(仓库)内布置有不同火灾危险性类别的房间;

④ 民用建筑内的附属库房,剧场后台的辅助用房;

⑤ 除居住建筑中套内的厨房外,宿舍、公寓建筑中的公共厨房和其他建筑内的厨房;

⑥ 附设在住宅建筑内的机动车库。

6.2.4 建筑内的防火隔墙应从楼地面基层隔断至梁、楼板或屋面板的底面基层。住宅分户墙和单元之间的墙应隔断至梁、楼板或屋面板的底面基层,屋面板的耐火极限不应低于 0.50 h。

6.2.5 除本规范另有规定外,建筑外墙上、下层开口之间应设置高度不小于 1.2 m 的实体墙或挑出宽度不小于1.0 m、长度不小于开口宽度的防火挑檐;当室内设置自动喷水灭火系统时,上、下层开口之间的实体墙高度不应小于0.8 m。当上、下层开口之间设置实体墙确有困难时,可设置防火玻璃墙,但高层建筑的防火玻璃墙的耐火完整性不应低于1.00 h,多层建筑的防火玻璃墙的耐火完整性不应低于0.50 h。外窗的耐火完整性不应低于防火玻璃墙的耐火完整性要求。

住宅建筑外墙上相邻户开口之间的墙体宽度不应小于1.0 m;小于1.0 m时,应在开口之间设置突出外墙不小于0.6 m的隔板。

实体墙、防火挑檐和隔板的耐火极限及燃烧性能,均不应低于相应耐火等级建筑外墙的要求。

6.2.6 建筑幕墙应在每层楼板外沿处采取符合本规范第6.2.5条规定的防火措施,幕墙与每层楼板、隔墙处的缝隙应采用防火封堵材料封堵。

6.2.7 附设在建筑内的消防控制室、灭火设备室、消防水泵房和通风空气调节机房、变配电室等,应采用耐火极限不低于2.00 h的防火隔墙和1.50 h的楼板与其他部位分隔。

设置在丁、戊类厂房内的通风机房,应采用耐火极限不低于1.00 h的防火隔墙和0.50 h的楼板与其他部位分隔。

通风、空气调节机房和变配电室开向建筑内的门应采用甲级防火门,消防控制室和其他设备房开向建筑内的门应采用乙级防火门。

6.2.8 冷库、低温环境生产场所采用泡沫塑料等可燃材料做墙体内的绝热层时,宜采用不燃绝热材料在每层楼板处做水平防火分隔。防火分隔部位的耐火极限不应低于楼板的耐火极限。

冷库阁楼层和墙体的可燃绝热层宜采用不燃性墙体分隔。

冷库、低温环境生产场所采用泡沫塑料做内绝热层时,绝热层的燃烧性能不应低于 B_1 级,且绝热层的表面应采用不燃材料做防护层。冷库的库房与加工车间贴邻建造时,应采用防火墙分隔,当确需开设相互连通的开口时,应采取防火隔间等措施进行分隔,隔间两侧的门应为甲级防火门。当冷库的氨压缩机房与加工车间贴邻时,应采用不开门窗洞口的防火墙分隔。

7 防烟分隔

7.1 防烟分区

核对防烟分区设置位置、形式及完整性。

验收依据 《建筑防烟排烟系统技术标准》GB 51251-2017 第 4.1.2、4.2.2 条。

主要内容

4.1.2 同一个防烟分区应采用同一种排烟方式。

4.2.2 挡烟垂壁等挡烟分隔设施的深度不应小于本标准第 4.6.2 条规定的储烟仓厚度。对于有吊顶的空间,当吊顶开孔不均匀或开孔率小于或等于 25% 时,吊顶内空间高度不得计入储烟仓厚度。

7.2 分隔设施

查看防烟分隔材料燃烧性能;测试活动挡烟垂壁的下垂功能。

验收依据 《建筑防烟排烟系统技术标准》GB 51251-2017 第 4.6.2、5.2.5、6.2.4、6.4.4 条。

主要内容

4.6.2 当采用自然排烟方式时，储烟仓的厚度不应小于空间净高的 20%，且不应小于 500 mm；当采用机械排烟方式时，不应小于空间净高的 10%，且不应小于 500 mm。同时储烟仓底部距地面的高度应大于安全疏散所需的最小清晰高度，最小清晰高度应按本标准第 4.6.9 条的规定计算确定。

5.2.5 活动挡烟垂壁应具有火灾自动报警系统、自动启动和现场手动启动功能，当火灾确认后，火灾自动报警系统应在 15 s 内联动相应防烟分区的全部活动挡烟垂壁，60 s 以内挡烟垂壁应开启到位。

6.2.4 活动挡烟垂壁及其电动驱动装置和控制装置应符合有关消防产品标准的规定，其型号、规格、数量应符合设计要求，动作可靠。

检查数量：按批抽查 10%，且不得少于 1 件。

检查方法：测试，直观检查，查验产品的质量合格证明文件、符合国家市场准入要求的文件。

6.4.4 挡烟垂壁的安装应符合下列规定：

① 型号、规格、下垂的长度和安装位置应符合设计要求；

② 活动挡烟垂壁与建筑结构（柱或墙）面的缝隙不应大于 60 mm，由两块或两块以上的挡烟垂帘组成的连续性挡烟垂壁，各块之间不应有缝隙，搭接宽度不应小于 100 mm；

③ 活动挡烟垂壁的手动操作按钮应固定安装在距楼地

面 1.3～1.5 m 之间便于操作、明显可见处。

  检查数量：全数检查。

  检查方法：依据设计图核对,尺量检查、动作检查。

8 防　爆

8.1　爆炸危险场所(部位)

查看设置形式、建筑结构、设置位置、分隔措施。

验收依据　《建筑设计防火规范》GB 50016-2014(2018 年版)第 5.4.12、5.4.13、5.4.14、5.4.16、5.4.17 条。

主要内容

5.4.12　燃油或燃气锅炉、油浸变压器、充有可燃油的高压电容器和多油开关等,宜设置在建筑外的专用房间内;确需贴邻民用建筑布置时,应采用防火墙与所贴邻的建筑分隔,且不应贴邻人员密集场所,该专用房间的耐火等级不应低于二级;确需布置在民用建筑内时,不应布置在人员密集场所的上一层、下一层或贴邻,并应符合下列规定:

① 燃油或燃气锅炉房、变压器室应设置在首层或地下一层的靠外墙部位,但常(负)压燃油或燃气锅炉可设置在地下二层或屋顶上。设置在屋顶上的常(负)压燃气锅炉,距离通向屋面的安全出口不应小于 6 m;采用相对密度(与空气密度的比值)不小于 0.75 的可燃气体为燃料的锅炉,不得设置在地下或半地下;

② 锅炉房、变压器室的疏散门均应直通室外或安全出口;

③ 锅炉房、变压器室等与其他部位之间应采用耐火极限木低于2.00 h的防火隔墙和1.50 h的不燃性楼板分隔。在隔墙和楼板上不应开设洞口,确需在隔墙上设置门、窗时,应采用甲级防火门、窗;

④ 锅炉房内设置储油间时,其总储存量不应大于1 m³,且储油间应采用耐火极限不低于3.00 h的防火隔墙与锅炉间分隔;确需在防火隔墙上设置门时,应采用甲级防火门;

⑤ 变压器室之间、变压器室与配电室之间,应设置耐火极限不低于2.00 h的防火隔墙;

⑥ 油浸变压器、多油开关室、高压电容器室,应设置防止油品流散的设施;油浸变压器下面应设置能储存变压器全部油量的事故储油设施;

⑦ 应设置火灾报警装置;

⑧ 应设置与锅炉、变压器、电容器和多油开关等的容量及建筑规模相适应的灭火设施,当建筑内其他部位设置自动喷水灭火系统时,应设置自动喷水灭火系统;

⑨ 锅炉的容量应符合现行国家标准《锅炉房设计规范》GB 50041的规定,油浸变压器的总容量不应大于1 260 kV·A,单台容量不应大于630 kV·A;

⑩ 燃气锅炉房应设置爆炸泄压设施,燃油或燃气锅炉房应设置独立的通风系统,并应符合本规范第9章的规定。

5.4.13 布置在民用建筑内的柴油发电机房应符合下列规定：

① 宜布置在首层或地下一、二层；

② 不应布置在人员密集场所的上一层、下一层或贴邻；

③ 应采用耐火极限不低于 2.00 h 的防火隔墙和 1.50 h 的不燃性楼板与其他部位分隔，门应采用甲级防火门；

④ 机房内设置储油间时，其总储存量不应大于 1 m³，储油间应采用耐火极限不低于 3.00 h 的防火隔墙与发电机间分隔；确需在防火隔墙上开门时，应设置甲级防火门；

⑤ 应设置火灾报警装置；

⑥ 应设置与柴油发电机容量和建筑规模相适应的灭火设施，当建筑内其他部位设置自动喷水灭火系统时，机房内应设置自动喷水灭火系统。

5.4.14 供建筑内使用的丙类液体燃料其储罐应布置在建筑外，并应符合下列规定：

① 当总容量不大于 15 m³ 且直埋于建筑附近、面向油罐一面 4.0 m 范围内的建筑外墙为防火墙时，储罐与建筑的防火间距不限；

② 当总容量大于 15 m³ 时，储罐的布置应符合本规范第 4.2 节的规定；

③ 当设置中间罐时，中间罐的容量不应大于 1 m³ 并应设置在一、二级耐火等级的单独房间内，房间门应采用甲级防火门。

5.4.16 高层民用建筑内使用可燃气体燃料时,应采用管道供气。使用可燃气体的房间或部位宜靠外墙设置,并应符合现行国家标准《城镇燃气设计规范》GB 50028 的规定。

5.4.17 建筑采用瓶装液化石油气瓶组供气时,应符合下列规定:

① 应设置独立的瓶组间;

② 瓶组间不应与住宅建筑、重要公共建筑及其他高层公共建筑贴邻,液化石油气气瓶的总容积不大于 1 m³ 的瓶组间与所服务的其他建筑贴邻时,应采用自然气化方式供气;

③ 液化石油气气瓶的总容积大于 1 m³、不大于 4 m³ 独立瓶组间,与所服务建筑的防火间距应符合本规范 5.4.17 的规定。

表 5.4.17　液化石油气气瓶的独立瓶组间与

所服务建筑的防火间距(m)

名称		液化石油气气瓶的独立瓶组间的总容积 V(m³)	
		V52	2VS4
明火或散发火花地点		25	30
重要公共建筑、一类高层民用建筑		15	20
裙房和其他民用建筑			10
道路(路边)	主要	10	
	次要	5	

8.2 泄压设施

查看泄压设施的设置；核对泄压口面积、泄压形式。

验收依据 《建筑设计防火规范》GB 50016-2014（2018 年版）第 5.4.12 条第 10 款。

主要内容

燃气锅炉房应设置爆炸泄压设施。燃油或燃气锅炉房应设置独立的通风系统，并应符合本规范第 9 章的规定。

8.3 电气防爆

核对防爆区电气设备的类型、标牌和合格证明文件。

验收依据 《电气装置安装工程爆炸和火灾危险环境电气装置施工及验收规范》GB 50257-2014 第 3.0.3、3.0.4 条。

主要内容

3.0.3 采用的设备和器材，应有合格证件。设备应有铭牌，防爆电气设备应有防爆标志。

3.0.4 设备和器材到达现场后，应进行验收检查，并应符合下列规定：

① 包装及密封应良好；

② 开箱检查清点，其型号、规格和防爆标志，应符合设计要求，附件、配件、备件应完好齐全；

③ 产品的技术文件应齐全;

④ 防爆电气设备的铭牌中,应标有国家检验单位颁发的"防爆合格证号";

⑤ 设备外观检查应无损伤、无腐蚀、无受潮。

8.4 防静电、防积聚、防流散等措施

查看设置形式。

验收依据 《电气装置安装工程爆炸和火灾危险环境电气装置施工及验收规范》GB 50257-2014 第 7.1.1、7.2.2 条;《建筑设计防火规范》GB 50016-2014(2018 年版)第 5.4.15、9.1.4、9.3.9 条。

主要内容

《电气装置安装工程爆炸和火灾危险环境电气装置施工及验收规范》GB 50257-2014

7.1.1 在保障危险环境的电气设备的金属外壳、金属构架、安装在已接地的金属结构上的设备、金属配线管及其配件、电缆保护管、电缆的金属护套等非带电的裸露金属部分,均应接地。

7.2.2 引入爆炸危险环境的金属管道、配线的钢管、电缆的铠装及金属外壳,必须在危险区域进口处接地。

《建筑设计防火规范》GB 50016-2014(2018 年版)

5.4.15 设置在建筑内的锅炉、柴油发电机,其燃料供给

管道应符合下列规定:

① 在进入建筑物前和设备间内的管道上均应设置自动和手动切断阀;

② 储油间的油箱应密闭且应设置通向室外的通气管,通气管应设置带阻火器的呼吸阀,油箱的下部应设置防止油品流散的设施。

9.1.4 民用建筑内空气中含有容易起火或爆炸危险物质的房间,应设置自然通风或独立的机械通风设施,且其空气不应循环使用。

9.3.9 排除有燃烧或爆炸危险气体、蒸气和粉尘的排风系统,应符合下列规定:

① 排风系统应设置导除静电的接地装置;

② 排风设备不应布置在地下或半地下建筑(室)内;

③ 排风管应采用金属管道,并应宜接通向室外安全地点,不应暗设。

9 安全疏散

9.1 安全出口

查看设置形式、位置和数量；查看疏散楼梯间、前室的防烟措施；查看管道穿越疏散楼梯间、前室处及门窗洞口等防火分隔设置情况；查看地下室、半地下室与地上层共用楼梯的防火分隔；测量疏散宽度、建筑疏散距离、前室面积。

验收依据 《建筑设计防火规范》GB 50016-2014（2018 年版）第 5.5.2、5.5.5—5.58、5.5.25、5.5.26、6.2.4 条。

主要内容

5.5.2 建筑内的安全出口和疏散门应分散布置，且建筑内每个防火分区或一个防火分区的每个楼层、每个住宅单元每层相邻两个安全出口以及每个房间相邻两个疏散门最近边缘之间的水平距离不应小于 5 m。

5.5.5 除人员密集场所外，建筑面积不大于 500 m^2、使用人数不超过 30 人且埋深不大于 10 m 的地下或半地下建筑（室），当需要设置两个安全出口时，其中一个安全出口可利用直通室外的金属竖向梯。

除歌舞娱乐放映游艺场所外,防火分区建筑面积不大于 200 m² 的地下或半地下设备间、防火分区建筑面积不大于 50 m² 且经常停留人数不超过 15 人的其他地下或半地下建筑（室）,可设置一个安全出口或一部疏散楼梯。

除本规范另有规定外,建筑面积不大于 200 m² 的地下或半地下设备间、建筑面积不大于 50 m² 且经常停留人数不超过 15 人的其他地下或半地下房间,可设置一个疏散门。

5.5.6　直通建筑内附设汽车库的电梯,应在汽车库部分设置电梯候梯厅,并应采用耐火极限不低于 2.00 h 的防火隔墙和乙级防火门与汽车库分隔。

5.5.7　高层建筑直通室外的安全出口上方,应设置挑出宽度不小于 1.0 m 的防护挑檐。

5.5.8　公共建筑内每个防火分区或一个防火分区的每个楼层,其安全出口的数量应经计算确定,且不应少于两个。设置一个安全出口或一部疏散楼梯的公共建筑应符合下列条件之一:

① 除托儿所、幼儿园外,建筑面积不大于 200 m² 且人数不超过 50 人的单层公共建筑或多层公共建筑的首层;

② 除医疗建筑、老年人照料设施、托儿所、幼儿园的儿童用房、儿童游乐厅等儿童活动场所和歌舞娱乐放映游艺场所等外,符合表 5.5.8 规定的公共建筑。

表 5.5.8　设置一部疏散楼梯的公共建筑

耐火等级	最多层数	每层最大建筑面积(m²)	人数
一、二级	三层	200	第二、三层的人数之和不超过 50 人
三级	三层	200	第二、三层的人数之和不超过 25 人
四级	二层	200	第二层人数不超过 15 人

5.5.25　住宅建筑安全出口的设置应符合下列规定:

① 建筑高度不大于 27 m 的建筑,当每个单元任一层的建筑面积大于 650 m²,或任一户门至最近安全出口的距离大于 15 m 时,每个单元每层的安全出口不应少于两个;

② 建筑高度大于 27 m、不大于 54 m 的建筑,当每个单元任一层的建筑面积大于 650 m² 或任一户门至最近安全出口的距离大于 10 m 时,每个单元每层的安全出口不应少于两个;

③ 建筑高度大于 54 m 的建筑,每个单元每层的安全出口不应少于两个。

5.5.26　建筑高度大于 27 m,但不大于 54 m 的住宅建筑,每个单元设置一座疏散楼梯时,疏散楼梯应通至屋面,且单元之间的疏散楼梯应能通过屋面连通,户门应采用乙级防火门。当不能通至屋面或不能通过屋面连通时,应设置两个安全出口。

6.2.4　建筑内的防火隔墙应从楼地面基层隔断至梁、楼板或屋面板的底面基层。住宅分户墙和单元之间的墙应隔断至梁、楼板或屋面板的底面基层,屋面板的耐火极限不应低于 0.50 h。

9.2 疏散门

查看疏散门的设置位置、形式和开启方向;测量疏散宽度;测试逃生门锁装置。

验收依据 《建筑设计防火规范》GB 50016-2014(2018 年版)第 5.5.5、5.5.15、5.5.16、5.5.19 条。

主要内容

5.5.5 除人员密集场所外,建筑面积不大于 500 m²、使用人数不超过 30 人且埋深不大于 10 m 的地下或半地下建筑(室),当需要设置两个安全出口时,其中一个安全出口可利用直通室外的金属竖向梯。

除歌舞娱乐放映游艺场所外,防火分区建筑面积不大于 200 m² 的地下或半地下设备间、防火分区建筑面积不大于 50 m² 且经常停留人数不超过 15 人的其他地下或半地下建筑(室),可设置一个安全出口或一部疏散楼梯。

除本规范另有规定外,建筑面积不大于 200 m² 的地下或半地下设备间、建筑面积不大于 50 m² 且经常停留人数不超过 15 人的其他地下或半地下房间,可设置一个疏散门。

5.5.15 公共建筑内房间的疏散门数量应经计算确定且

不应少于两个。除托儿所、幼儿园、老年人照料设施、医疗建筑、教学建筑内位于走道尽端的房间外,符合下列条件之一的房间可设置一个疏散门:

① 位于两个安全出口之间或袋形走道两侧的房间,对于托儿所、幼儿园、老年人照料设施,建筑面积不大于 50 m²;对于医疗建筑、教学建筑,建筑面积不大于 75 m²;对于其他建筑或场所,建筑面积不大于 120 m²;

② 位于走道尽端的房间,建筑面积小于 50 m² 且疏散门的净宽度不小于 0.90 m,或由房间内任一点至疏散门的直线距离不大于 15 m、建筑面积不大于 200 m² 且疏散门的净宽度不小于 1.40 m;

③ 歌舞娱乐放映游艺场所内建筑面积不大于 50 m² 且经常停留人数不超过 15 人的厅、室。

5.5.16 剧场、电影院、礼堂和体育馆的观众厅或多功能厅,其疏散门的数量应经计算确定且不应少于两个,并应符合下列规定:

① 对于剧场、电影院、礼堂的观众厅或多功能厅,每个疏散门的平均疏散人数不应超过 250 人;当容纳人数超过 2 000 人时,其超过 2 000 人的部分,每个疏散门的平均疏散人数不应超过 400 人;

② 对于体育馆的观众厅,每个疏散门的平均疏散人数不宜超过 400~700 人。

5.5.19 人员密集的公共场所、观众厅的疏散门不应设

置门槛,其净宽度不应小于 1.40 m,且紧靠门口内外各
1.40 m 范围内不应设置踏步。

人员密集的公共场所的室外疏散通道的净宽度不应小
于 3.00 m,并应直接通向宽敞地带。

9.3 疏散走道

查看设置位置;查看排烟条件;测量疏散宽度、疏散
距离。

验收依据 《建筑设计防火规范》GB 50016 - 2014
(2018 年版)第 5.5.18 条。

主要内容

5.5.18 除本规范另有规定外,公共建筑内疏散门和安
全出口的净宽度不应小于 0.90 m,疏散走道和疏散楼梯的净
宽度不应小于 1.10 m。

表 5.5.18 高层公共建筑内楼梯间的首层疏散门、首层疏散外门、
疏散走道和疏散楼梯的最小净宽度(m)

建筑类别	楼梯间的首层疏散门、首层疏散外门	走道		疏散楼梯
		单面布房	双面布房	
高层医疗建筑	1.30	1.40	1.50	1.30
其他高层公共建筑	1.20	1.30	1.40	1.20

9.4 避难层(间)

查看设置位置、形式、平面布置和防火分隔;测量有效避难面积;查看防烟条件;查看疏散楼梯、消防电梯设置。

验收依据 《建筑设计防火规范》GB 50016-2014(2018 年版)第 5.5.23、5.5.24 条。

主要内容

5.5.23 建筑高度大于 100 m 的公共建筑,应设置避难层(间)。避难层(间)应符合下列规定:

① 第一个避难层(间)的楼地面至灭火救援场地地面的高度不应大于 50 m,两个避难层(间)之间的高度不宜大于 50 m;

② 通向避难层(间)的疏散楼梯应在避难层分隔、同层错位或上下层断开;

③ 避难层(间)的净面积应能满足设计避难人数避难的要求,并宜按 5.0 人/m² 计算;

④ 避难层可兼作设备层,设备管道宜集中布置,其中的易燃、可燃液体或气体管道应集中布置,设备管道区应采用耐火极限不低于 3.00 h 的防火隔墙与避难区分隔;管道井和设备间应采用耐火极限不低于 2.00 h 的防火隔墙与避难区分隔,管道井和设备间的门不应直接开向避难区,确需直接开向避难区时,与避难层区出入口的距离不应小于 5 m,且应

采用甲级防火门；

避难间内不应设置易燃、可燃液体或气体管道,不应开设除外窗、疏散门之外的其他开口；

⑤ 避难层应设置消防电梯出口；

⑥ 应设置消火栓和消防软管卷盘；

⑦ 应设置消防专线电话和应急广播；

⑧ 在避难层(间)进入楼梯间的入口处和疏散楼梯通向避难层(间)的出口处,应设置明显的指示标志；

⑨ 应设置直接对外的可开启窗口或独立的机械防烟设施,外窗应采用乙级防火窗。

5.5.24 高层病房楼应在二层及以上的病房楼层和洁净手术部设置避难间。避难间应符合下列规定：

① 避难间服务的护理单元不应超过两个,其净面积应按每个护理单元不小于 25.0 m² 确定；

② 避难间兼作其他用途时,应保证人员的避难安全,且不得减少可供避难的净面积；

③ 应靠近楼梯间,并应采用耐火极限不低于 2.00 h 的防火隔墙和甲级防火门与其他部位分隔；

④ 应设置消防专线电话和消防应急广播；

⑤ 避难间的入口处应设置明显的指示标志；

⑥ 应设置直接对外的可开启窗口或独立的机械防烟设施,外窗应采用乙级防火窗。

5.5.24A 三层及三层以上总建筑面积大于 3 000 m²(包

括设置在其他建筑内三层及以上楼层)的老年人照料设施，应在二层及以上各层老年人照料设施部分的每座疏散楼梯间的相邻部位设置一间避难间；当老年人照料设施设置与疏散楼梯或安全出口直接连通的开敞式外廊与疏散走道直接连通且符合人员避难要求的室外平台等时，可不设置避难间。避难间内可供避难的净面积不应小于 12 m²，避难间可利用疏散楼梯间的前室或消防电梯的前室，其他要求应符合本规范第 5.5.24 条的规定。

供失能老年人使用且层数大于二层的老年人照料设施，应按核定使用人数配备简易防毒面具。

9.5 消防应急照明和疏散指示标志

查看类别、型号、数量、安装位置、间距；查看设置场所，测试应急功能及照度；查看特殊场所设置的保持视觉连续的灯光疏散指示标志或蓄光疏散指示标志；抽查消防应急照明、疏散指示、消防安全标志，并核对其证明文件。

验收依据 《建筑设计防火规范》GB 50016-2014(2018 年版)第 10.1.5、10.1.8、10.3.4、10.3.5 条。

主要内容

10.1.5 建筑内消防应急照明和灯光疏散指示标志的备用电源的连续供电时间应符合下列规定：

① 建筑高度大于 100 m 的民用建筑，不应小于 1.5 h；

② 医疗建筑、老年人照料设施、总建筑面积大于 100 000 m² 的公共建筑和总建筑面积大于 20 000 m² 的地下、半地下建筑,不应少于 1.0 h;

③ 其他建筑,不应少于 0.5 h。

10.1.8 消防控制室、消防水泵房、防烟和排烟风机房的消防用电设备及消防电梯等的供电,应在其配电线路的最末一级配电箱处设置自动切换装置。

10.3.4 疏散照明灯具应设置在出口的顶部、墙面的上部或顶棚上;备用照明灯具应设置在墙面的上部或顶棚上。

10.3.5 公共建筑、建筑高度大于 54 m 的住宅建筑、高层厂房(库房)和甲、乙、丙类单、多层厂房,应设置灯光疏散指示标志,并应符合下列规定:

① 应设置在安全出口和人员密集的场所的疏散门的正上方;

② 应设置在疏散走道及其转角处距地面高度 1.0 m 以下的墙面或地面上;灯光疏散指示标志的间距不应大于 20 m;对于袋形走道,不应大于 10 m;在走道转角区,不应大于 1.0 m。

10 消防电梯

10.1 消防电梯

查看设置位置、数量;查看前室门的设置形式,测量前室的面积;查看井壁及机房的耐火性能和防火构造等,测试消防电梯的联动功能;查看消防电梯载重量、电梯井的防水排水,测试消防电梯的速度、专用对讲电话和专用的操作按钮;查看轿厢内装修材料。

验收依据 《建筑设计防火规范》GB 50016-2014(2018 年版)第 7.3.6—7.3.8 条。

主要内容

7.3.6 消防电梯井、机房与相邻电梯井、机房之间应设置耐火极限不低于 2.00 h 的防火隔墙,隔墙上的门应采用甲级防火门。

7.3.7 消防电梯的井底应设置排水设施,排水井的容量不应小于 2 m³,排水泵的排水量不应小于 10 L/s。消防电梯间前室的门口宜设置挡水设施。

7.3.8 消防电梯应符合下列规定:

① 应能每层停靠;

② 电梯的载重量不应小于 800 kg；

③ 电梯的动力与控制电缆、电线、控制面板应采取防水措施；

④ 在首层的消防电梯入口处应设置供消防队员专用的操作按钮；

⑤ 电梯轿厢的内部装修应采用不燃材料；

⑥ 电梯轿厢内部应设置专用消防对讲电话。

11　消防水系统

11.1　供水水源

查看天然水源的水量、水质、枯水期技术措施、消防车取水高度、取水设施；查验市政供水的进水管数量、管径、供水能力。

验收依据　《消防给水及消火栓系统技术规范》GB 50974-2014 第 4.2.1、4.2.2、13.2.4 条。

主要内容

4.2.1　当市政给水管网连续供水时，消防给水系统可采用市政给水管网直接供水。

4.2.2　用作两路消防供水的市政给水管网应符合下列要求：

①　市政给水厂应至少两条输水干管向市政给水管网输水；

②　市政给水管网应为环状管网；

③　应至少有两条不同的市政给水干管上不少于两条引入管向消防给水系统供水。

13.2.4　水源的检查验收应符合下列要求：

① 应检查室外给水管网的进水管管径及供水能力,并应检查高位消防水箱、高位消防水池和消防水池等的有效容积和水位测量装置等应符合设计要求;

② 当采用地表天然水源作为消防水源时,其水位、水量、水质等应符合设计要求;

③ 应根据有效水文资料检查天然水源枯水期最低水位、常水位和洪水位时确保消防用水应符合设计要求;

④ 应根据地下水井抽水试验资料确定常水位、最低水位、出水量和水位测量装置等技术参数和装备应符合设计要求。

检查数量:全数检查。

检查方法:对照设计资料直观检查。

11.2 消防水池

查看设置位置、水位显示与报警装置;核对有效容量。

验收依据 《消防给水及消火栓系统技术规范》GB 50974-2014 第4.3节、第13.2.9条,设置位置、水位显示与报警装置、有效容量核对消防设计文件。

主要内容

4.3.1 符合下列规定之一时,应设置消防水池:

① 当生产、生活用水量达到最大时,市政给水管网或入户引入管不能满足室内、室外消防给水设计流量;

② 当采用一路消防供水或只有一条入户引入管,且室外消火栓设计流量大于 20 L/s 或建筑高度大于 50 m 时;

③ 市政消防给水设计流量小于建筑室内外消防给水设计流量。

4.3.2 消防水池有效容积的计算应符合下列规定:

① 当市政给水管网能保证室外消防给水设计流量时,消防水池的有效容积应满足在火灾延续时间内室内消防用水量的要求;

② 当市政给水管网不能保证室外消防给水设计流量时,消防水池的有效容积应满足火灾延续时间内室内消防用水量和室外消防用水量不足部分之和的要求。

4.3.3 消防水池的给水管应根据其有效容积和补水时间确定,补水时间不宜大于 48 h,但当消防水池有效总容积大于 2 000 m³时,不应大于 96 h。

消防水池进水管管径应计算确定,且不应小于 DN100。

4.3.4 当消防水池采用两路消防供水且在火灾情况下连续补水能满足消防要求时,消防水池的有效容积应根据计算确定,但不应小于 100 m³,当仅设有消火栓系统时不应小于 50 m³。

4.3.5 火灾时消防水池连续补水应符合下列规定:

① 消防水池应采用两路消防给水;

② 火灾延续时间内的连续补水流量应按消防水池最不利进水管供水量计算,并可按下式计算:

$$q_j = 3\,600AU \qquad (4.3.5)$$

式中：q_j——火灾时消防水池的补水流量（m/h）；

　　　A——消防水池给水管断面面积（m²）；

　　　U——管道内水的平均流速（m/s）。

③ 消防水池进水管管径和流量应根据市政给水管网或其他给水管网的压力、入户引入管管径、消防水池进水管管径，以及火灾时其他用水量等经水力计算确定，当计算条件不具备时，给水管的平均流速不宜大于 1.5 m/s。

4.3.6　消防水池的总蓄水有效容积大于 500 m³ 时，宜设两格能独立使用的消防水池；当大于 1 000 m³ 时，应设置两座能独立使用的消防水池。每格（或座）消防水池应设置独立的出水管，并应设置满足最低有效水位的连通管，且其管径应能满足消防给水设计流量的要求。

4.3.7　储存室外消防用水的消防水池或供消防车取水的消防水池，应符合下列规定：

① 消防水池应设置取水口（井），且吸水高度不应大于6.0 m；

② 取水口（井）与建筑物（水泵房除外）的距离不宜小于 15 m；

③ 取水口（井）与甲、乙、丙类液体储罐等构筑物的距离不宜小于 40 m；

④ 取水口（井）与液化石油气储罐的距离不宜小于60 m，当采取防止辐射热保护措施时，可为 40 m。

4.3.8 消防用水与其他用水共用的水池,应采取确保消防用水量不作他用的技术措施。

4.3.9 消防水池的出水、排水和水位应符合下列规定:

① 消防水池的出水管应保证消防水池的有效容积能被全部利用;

② 消防水池应设置就地水位显示装置,并应在消防控制中心或值班室等地点设置显示消防水池水位的装置,同时应有最高和最低报警水位;

③ 消防水池应设置溢流水管和排水设施,并应采用间接排水。

4.3.10 消防水池的通气管和呼吸管等应符合下列规定:

① 消防水池应设置通气管;

② 消防水池通气管、呼吸管和溢流水管等应采取防止虫鼠等进入消防水池的技术措施。

4.3.11 高位消防水池的最低有效水位应能满足其所服务的水灭火设施所需的工作压力和流量,且其有效容积应满足火灾延续时间内所需消防用水量,并应符合下列规定:

① 高位消防水池的有效容积、出水、排水和水位,应符合本规范第 4.3.8 条和第 4.3.9 条的规定;

② 高位消防水池的通气管和呼吸管等应符合本规范第4.3.10 条的规定;

③ 除可一路消防供水的建筑物外,向高位消防水池供水

的给水管不应少于两条；

④ 当高层民用建筑采用高位消防水池供水的高压消防给水系统时，高位消防水池储存室内消防用水量确有困难，但火灾时补水可靠，其总有效容积不应小于室内消防用水量的50%；

⑤ 高层民用建筑高压消防给水系统的高位消防水池总有效容积大于200 m³时，宜设置蓄水有效容积相等且可独立使用的两格；当建筑高度大于100 m时应设置独立的两座，每格（座）应有一条独立的出水管向消防给水系统供水；

⑥ 高位消防水池设置在建筑物内时，应采用耐火极限不低于2.00 h的隔墙或1.50 h的楼板与其他部位隔开，并应设甲级防火门，且消防水池及其支承框架与建筑构件应连接牢固。

13.2.9 消防水池、高位消防水池和高位消防水箱验收应符合下列要求：

① 设置位置应符合设计要求；

② 消防水池、高位消防水池和高位消防水箱的有效容积、水位、报警水位等，应符合设计要求；

③ 进出水管、溢流管、排水管等应符合设计要求，且溢流管应采用间接排水；

④ 管道、阀门和进水浮球阀等应便于检修，人孔和爬梯位置应合理；

⑤ 消防水池吸水井、吸（出）水管喇叭口等设置位置应符合设计要求。

检查数量：全数检查。

检查方法：直观检查。

11.3　消防水泵

查看吸水方式,测试水泵手动和自动启停,测试主、备电源切换和主、备泵启动、故障切换;查看消防水泵启动控制装置(应设机械应急启动柜、与消防水泵同一空间控制柜防护不低于IP55),测试水锤消除设施后的压力;抽查消防泵组,并核对其证明文件。

验收依据　《消防给水及消火栓系统技术规范》GB 50974-2014 第 11.0.9、11.0.12、12.2.1、12.2.2、13.2.6 条。

主要内容

11.0.9　消防水泵控制柜设置在专用消防水泵控制室时,其防护等级不应低于 IP30;与消防水泵设置在同一空间时,其防护等级不应低于 IP55。

11.0.12　消防水泵控制柜应设置机械应急启泵功能,并应保证在控制柜内的控制线路发生故障时由有管理权限的人员在紧急时启动消防水泵。机械应急启动时,应确保消防水泵在报警 5.0 min 内正常工作。

12.2.1　消防给水及消火栓系统施工前应对采用的主要设备、系统组件、管材管件及其他设备、材料进行进场检查,并应符合下列要求:

① 主要设备、系统组件、管材管件及其他设备、材料,应符合国家现行相关产品标准的规定,并应具有出厂合格证或质量认证书;

② 消防水泵、消火栓、消防水带、消防水枪、消防软管卷盘或轻便水龙、报警阀组、电动(磁)阀、压力开关、流量开关、消防水泵接合器、沟槽连接件等系统主要设备和组件,应经国家消防产品质量监督检验中心检测合格;

③ 稳压泵、气压水罐、消防水箱、自动排气阀、信号阀、止回阀、安全阀、减压阀、倒流防止器、蝶阀、闸阀、流量计、压力表、水位计等,应经相应国家产品质量监督检验中心检测合格;

④ 气压水罐、组合式消防水池、屋顶消防水箱、地下水取水和地表水取水设施,以及其附件等,应符合国家现行相关产品标准的规定。

检查数量:全数检查。

检查方法:检查相关资料。

12.2.2 消防水泵和稳压泵的检验应符合下列要求:

① 消防水泵和稳压泵的流量、压力和电机功率应满足设计要求;

② 消防水泵产品质量应符合现行国家标准《消防泵》GB 6245、《离心泵技术条件(Ⅰ类)》GB/T 16907 或《离心泵技术条件(Ⅱ类)》GB/T 5656 的有关规定;

③ 稳压泵产品质量应符合现行国家标准《离心泵技术条

件(Ⅱ类)》GB/T 5656 的有关规定;

④ 消防水泵和稳压泵的电机功率应满足水泵全性能曲线运行的要求;

⑤ 泵及电机的外观表面不应有碰损,轴心不应有偏心。

检查数量:全数检查。

检查方法:直观检查和查验认证文件。

13.2.6 消防水泵验收应符合下列要求:

① 消防水泵运转应平稳,应无不良噪声的振动;

② 工作泵、备用泵、吸水管、出水管及出水管上的泄压阀、水锤消除设施、止回阀、信号阀等的规格、型号、数量,应符合设计要求;吸水管、出水管上的控制阀应锁定在常开位置,并应有明显标记;

③ 消防水泵应采用自灌式引水方式,并应保证全部有效储水被有效利用;

④ 分别开启系统中的每一个末端试水装置、试水阀和试验消火栓,水流指示器、压力开关、压力开关(管网)、高位消防水箱流量开关等信号的功能,均应符合设计要求;

⑤ 打开消防水泵出水管上试水阀,当采用主电源启动消防水泵时,消防水泵应启动正常;关掉主电源,主、备电源应能正常切换;备用泵启动和相互切换正常;消防水泵就地和远程启停功能应正常;

⑥ 消防水泵停泵时,水锤消除设施后的压力不应超过水泵出口设计工作压力的 1.4 倍;

⑦ 消防水泵启动控制应置于自动启动挡;

⑧ 采用固定和移动式流量计和压力表测试消防水泵的性能,水泵性能应满足设计要求。

检查数量:全数检查。

检查方法:直观检查和采用仪表检测。

11.4　消防给水设备

查看气压罐的调节容量,稳压泵的规格、型号、数量,管网连接;测试稳压泵的稳压功能;抽查消防气压给水设备、增压稳压给水设备等,并核对其证明文件。

验收依据　《消防给水及消火栓系统技术规范》GB 50974-2014 第 12.2.1、12.2.2、13.2.7、13.2.10 条。

主要内容

12.2.1　消防给水及消火栓系统施工前应对采用的主要设备、系统组件、管材管件及其他设备、材料进行进场检查,并应符合下列要求:

① 主要设备、系统组件、管材管件及其他设备、材料,应符合国家现行相关产品标准的规定,并应具有出厂合格证或质量认证书;

② 消防水泵、消火栓、消防水带、消防水枪、消防软管卷盘或轻便水龙、报警阀组、电动(磁)阀、压力开关、流量开关、消防水泵接合器、沟槽连接件等系统主要设备和组件,应经

国家消防产品质量监督检验中心检测合格;

③ 稳压泵、气压水罐、消防水箱、自动排气阀、信号阀、止回阀、安全阀、减压阀、倒流防止器、蝶阀、闸阀、流量计、压力表、水位计等,应经国家相应产品质量监督检验中心检测合格;

④ 气压水罐、组合式消防水池、屋顶消防水箱、地下水取水和地表水取水设施,以及其附件等,应符合国家现行相关产品标准的规定。

检查数量:全数检查。

检查方法:检查相关资料。

12.2.2 消防水泵和稳压泵的检验应符合下列要求:

① 消防水泵和稳压泵的流量、压力和电机功率应满足设计要求;

② 消防水泵产品质量应符合现行国家标准《消防泵》GB 6245、《离心泵技术条件(Ⅰ类)》GB/T 16907 或《离心泵技术条件(Ⅱ类)》GB/T 5656 的有关规定;

③ 稳压泵产品质量应符合现行国家标准《离心泵技术条件(Ⅱ类)》GB/T 5656 的有关规定;

④ 消防水泵和稳压泵的电机功率应满足水泵全性能曲线运行的要求;

⑤ 泵及电机的外观表面不应有碰损,轴心不应有偏心。

检查数量:全数检查。

检查方法:直观检查和查验认证文件。

13.2.7　稳压泵验收应符合下列要求：

① 稳压泵的型号、性能等应符合设计要求；

② 稳压泵的控制应符合设计要求，并应有防止稳压泵频繁启动的技术措施；

③ 稳压泵在1h内的启停次数应符合设计要求，并不宜大于15次/h；

④ 稳压泵供电应正常，自动手动启停应正常；关掉主电源，主、备电源应能正常切换；

⑤ 气压水罐的有效容积以及调节容积应符合设计要求，并应满足稳压泵的启停要求。

检查数量：全数检查。

检查方法：直观检查。

13.2.10　气压水罐验收应符合下列要求：

① 气压水罐的有效容积、调节容积和稳压泵启泵次数应符合设计要求；

② 气压水罐气侧压力应符合设计要求。

检查数量：全数检查。

检查方法：直观检查。

11.5　消防水箱

查看设置位置、水位显示与报警装置，核对有效容量；查看确保水量的措施、管网连接。

验收依据 《消防给水及消火栓系统技术规范》GB 50974-2014 第 13.2.9 条。

主要内容

13.2.9 消防水池、高位消防水池和高位消防水箱验收应符合下列要求:

① 设置位置应符合设计要求;

② 消防水池、高位消防水池和高位消防水箱的有效容积、水位、报警水位等,应符合设计要求;

③ 进出水管、溢流管、排水管等应符合设计要求,且溢流管应采用间接排水;

④ 管道、阀门和进水浮球阀等应便于检修,人孔和爬梯位置应合理;

⑤ 消防水池吸水井、吸(出)水管喇叭口等设置位置应符合设计要求。

检查数量:全数检查。

检查方法:直观检查。

12 消火栓系统

12.1 管网

核实管网结构形式、供水方式;查看管道的材质、管径、接头、连接方式及采取的防腐、防冻措施;查看管网组件,闸阀、截止阀、减压孔板、减压阀、柔性接头、排水管、泄压阀等的设置。

验收依据 消防设计文件;《消防给水及消火栓系统技术规范》GB 50974-2014 第 12.3.11—12.3.16、12.3.22、12.3.24、12.3.25、12.3.26、13.2.12 条。

主要内容

12.3.11 当管道采用螺纹、法兰、承插、卡压等方式连接时,应符合下列要求:

① 采用螺纹连接时,热浸镀锌钢管的管件宜采用现行国家标准《可锻铸铁管路连接件》GB 3287、《可锻铸铁管路连接件验收规则》GB 3288、《可锻铸铁管路连接件型式尺寸》GB 3289 的有关规定,热浸镀锌无缝钢管的管件宜采用现行国家标准《锻钢制螺纹管件》GB/T 14626 的有关规定;

② 螺纹连接时,螺纹应符合现行国家标准《55°密封管螺

纹第 2 部分:圆锥内螺纹与圆锥外螺纹》GB 7306.2 的有关规定,宜采用密封胶带作为螺纹接口的密封,密封带应在阳螺纹上施加;

③ 法兰连接时,法兰的密封面形式和压力等级应与消防给水系统技术要求相符合;法兰类型宜根据连接形式采用平焊法兰、对焊法兰和螺纹法兰等,法兰选择应符合现行国家标准《钢制管法兰类型与参数》GB 9112、《整体钢制管法兰》GB/T 9113、《钢制对焊无缝管件》GB/T 12459 和《管法兰用聚四氟乙烯包覆垫片》GB/T 13404 的有关规定;

④ 当热浸镀锌钢管采用法兰连接时,应选用螺纹法兰;当必须焊接连接时,法兰焊接应符合现行国家标准《现场设备、工业管道焊接工程施工规范》GB 50236 和《工业金属管道工程施工规范》GB 50235 的有关规定;

⑤ 球墨铸铁管承插连接时,应符合现行国家标准《给水排水管道工程施工及验收规范》GB 50268 的有关规定;

⑥ 钢丝网骨架塑料复合管施工安装时,除应符合本规范的有关规定外,还应符合现行行业标准《埋地聚乙烯给水管道工程技术规程》CJJ 101 的有关规定;

⑦ 管径大于 DN50 的管道不应使用螺纹活接头,在管道变径处应采用单体异径接头。

检查数量:按数量抽查 30%,但不应小于 10 个。

检验方法:直观和尺量检查。

12.3.12 沟槽连接件(卡箍)连接应符合下列规定:

① 沟槽式连接件(管接头)、钢管沟槽深度和钢管壁厚等,应符合现行国家标准《自动喷水灭火系统第11部分：沟槽式管接件》GB 5135.11 的有关规定;

② 有振动的场所和埋地管道应采用柔性接头,其他场所宜采用刚性接头,当采用刚性接头时,每隔4～5个刚性接头应设置一个挠性接头,埋地连接时螺栓和螺母应采用不锈钢件;

③ 沟槽式管件连接时,其管道连接沟槽和开孔应用专用滚槽机和开孔机加工,并应做防腐处理;连接前应检查沟槽和孔洞尺寸,加工质量应符合技术要求;沟槽、孔洞处不应有毛刺、破损性裂纹和脏物;

④ 沟槽式管件的凸边应卡进沟槽后再紧固螺栓,两边应同时紧固,紧固时发现橡胶圈起皱应更换新橡胶圈;

⑤ 机械三通连接时,应检查机械三通与孔洞的间隙,各部位应均匀,然后再紧固到位;机械三通开孔间距不应小于1 m,机械四通开孔间距不应小于2 m;机械三通、机械四通连接时支管的直径应满足表12.3.12 的规定,当主管与支管连接不符合表12.3.12 时,应采用沟槽式三通、四通管件连接;

表 12.3.12　机械三通、机械四通连接时支管直径

主管直径 DN		65	80	100	125	150	200	250	300
支管直径 DN	机械三通	40	40	65	80	100	100	100	100
	机械四通	32	32	50	65	80	100	100	100

⑥ 配水干管(立管)与配水管(水平管)连接,应采用沟槽

式管件,不应采用机械三通;

⑦ 埋地的沟槽式管件的螺栓、螺帽应做防腐处理,水泵房内的埋地管道连接应采用挠性接头;

⑧ 采用沟槽连接件连接管道变径和转弯时,宜采用沟槽式异径管件和弯头;当需要采用补芯时,三通上可用一个,四通上不应超过两个;公称直径大于 50 mm 的管道不宜采用活接头;

⑨ 沟槽连接件应采用三元乙丙橡胶(ED PM)C 型密封胶圈,弹性应良好,应无破损和变形,安装压紧后 C 型密封胶圈中间应有空隙。

检查数量:按数量抽查 30%,不应少于 10 件。

检验方法:直观和尺量检查。

12.3.13 钢丝网骨架塑料复合管材、管件以及管道附件的连接,应符合下列要求:

① 钢丝网骨架塑料复合管材、管件以及管道附件,应采用同一品牌的产品;管道连接宜采用同种牌号级别,且压力等级相同的管材、管件以及管道附件;不同牌号的管材以及管道附件之间的连接,应经过试验,并应判定连接质量能得到保证后再连接;

② 连接应采用电熔连接或机械连接,电熔连接宜采用电熔承插连接和电熔鞍形连接;机械连接宜采用锁紧型和非锁紧型承插式连接、法兰连接、钢塑过渡连接;

③ 钢丝网骨架塑料复合管给水管道与金属管道或金属

管道附件的连接,应采用法兰或钢塑过渡接头连接,与直径小于或等于 DN50 的镀锌管道或内衬塑镀锌管的连接,宜采用锁紧型承插式连接;

④ 管道各种连接应采用相应的专用连接工具;

⑤ 钢丝网骨架塑料复合管材、管件与金属管、管道附件的连接,当采用钢制喷塑或球墨铸铁过渡管件时,其过渡管件的压力等级不应低于管材公称压力;

⑥ 在 -5℃ 以下或大风环境条件下进行热熔或电熔连接操作时,应采取保护措施,或调整连接机具的工艺参数;

⑦ 管材、管件以及管道附件存放处与施工现场温差较大时,连接前应将钢丝网骨架塑料复合管管材、管件以及管道附件在施工现场放置一段时间,并应使管材的温度与施工现场的温度相当;

⑧ 管道连接时,管材切割应采用专用割刀或切管工具,切割断面应平整、光滑、无毛刺,且应垂直于管轴线;

⑨ 管道合拢连接的时间宜为常年平均温度,且宜为第二天上午的 8~10 点;

⑩ 管道连接后,应及时检查接头外观质量。

检查数量:按数量抽查 30%,不应少于 10 件。

检验方法:直观检查。

12.3.14 钢丝网骨架塑料复合管材、管件电熔连接,应符合下列要求:

① 电熔连接机具输出电流、电压应稳定,并应符合电熔

连接工艺要求;

②电熔连接机具与电熔管件应正确连通,连接时,通电加热的电压和加热时间应符合电熔连接机具和电熔管件生产企业的规定;

③电熔连接冷却期间,不应移动连接件或在连接件上施加任何外力;

④电熔承插连接应符合下列规定:

● 测量管件承口长度,并在管材插入端标出插入长度标记,用专用工具刮除插入段表皮;

● 用洁净棉布擦净管材、管件连接面上的污物;

● 将管材插入管件承口内,直至长度标记位置;

● 通电前,应校直两对应的待连接件,使其在同一轴线上,用整圆工具保持管材插入端的圆度。

⑤电熔鞍形连接应符合下列规定:

● 电熔鞍形连接应采用机械装置固定干管连接部位的管段,并确保管道的直线度和圆度;

● 干管连接部位上的污物应使用洁净棉布擦净,并用专用工具刮除干管连接部位表皮;

● 通电前,应将电熔鞍形连接管件用机械装置固定在干管连接部位。

检查数量:按数量抽查30%,不应少于10件。

检验方法:直观检查。

12.3.15 钢丝网骨架塑料复合管管材、管件法兰连接应符合下列要求：

①　钢丝网骨架塑料复合管管端法兰盘(背压松套法兰)连接，应先将法兰盘(背压松套法兰)套入待连接的聚乙烯法兰连接件(跟形管端)的端部，再将法兰连接件(跟形管端)平口端与管道按本规范第 12.3.13 条第 2 款电熔连接的要求进行连接；

②　两法兰盘上螺孔应对中，法兰面应相互平行，螺孔与螺栓直径应配套，螺栓长短应一致，螺帽应在同一侧；紧固法兰盘上螺栓时应按对称顺序分次均匀紧固，螺栓拧紧后宜伸出螺帽 1～3 丝扣；

③　法兰垫片材质应符合现行国家标准《钢制管法兰类型与参数》GB 9112 和《整体钢制管法兰》GB/T 9113 的有关规定，松套法兰表面宜采用喷塑防腐处理；

④　法兰盘应采用钢质法兰盘且应采用磷化镀铬防腐处理。

检查数量：按数量抽查 30%，不应少于 10 件。

检验方法：直观检查。

12.3.16　钢丝网骨架塑料复合管道钢塑过渡接头连接应符合下列要求：

①　钢塑过渡接头的钢丝网骨架塑料复合管管端与聚乙烯管道连接，应符合热熔连接或电熔连接的规定；

②　钢塑过渡接头钢管端与金属管道连接应符合相应的钢管焊接、法兰连接或机械连接的规定；

③ 钢塑过渡接头钢管端与钢管应采用法兰连接,不得采用焊接连接,当必须焊接时,应采取降温措施;

④ 公称外径大于或等于 DN110 的钢丝网骨架塑料复合管与管径大于或等于 DN100 的金属管连接时,可采用人字形柔性接口配件,配件两端的密封胶圈应分别与聚乙烯管和金属管相配套;

⑤ 钢丝网骨架塑料复合管和金属管、阀门相连接时,规格尺寸应相互配套。

检查数量:按数量抽查 30%,不应少于 10 件。

检验方法:直观检查。

12.3.22 埋地钢管应做防腐处理,防腐层材质和结构应符合设计要求,并应按现行国家标准《给水排水管道工程施工及验收规范》GB 50268 的有关规定施工;室外埋地球墨铸铁给水管要求外壁应刷沥青漆防腐;埋地管道连接用的螺栓、螺母以及垫片等附件应采用防腐蚀材料,或涂覆沥青涂层等防腐涂层;埋地钢丝网骨架塑料复合管不应做防腐处理。

检查数量:按数量抽查 30%,不应少于 10 件。

检验方法:放水试验、观察、核对隐蔽工程记录,必要时局部解剖检查。

12.3.24 架空管道外应刷红色油漆或涂红色环圈标志,并应注明管道名称和水流方向标识。红色环圈标志,宽度不应小于 20 mm,间隔不宜大于 4 m,在一个独立的单元内环圈不宜少于两处。

  检查数量：按数量抽查 30%，不应少于 10 件。

  检验方法：直观检查。

12.3.25 消防给水系统阀门的安装应符合下列要求：

  ① 各类阀门型号、规格及公称压力应符合设计要求；

  ② 阀门的设置应便于安装维修和操作，且安装空间应能满足阀门完全启闭的要求，并应作出标志；

  ③ 阀门应有明显的启闭标志；

  ④ 消防给水系统干管与水灭火系统连接处应设置独立阀门，并应保证各系统独立使用。

  检查数量：全部检查。

  检查方法：直观检查。

12.3.26 消防给水系统减压阀的安装应符合下列要求：

  ① 安装位置处的减压阀的型号、规格、压力、流量应符合设计要求；

  ② 减压阀安装应在供水管网试压、冲洗合格后进行；

  ③ 减压阀水流方向应与供水管网水流方向一致；

  ④ 减压阀前应有过滤器；

  ⑤ 减压阀前后应安装压力表；

  ⑥ 减压阀处应有压力试验用排水设施。

  检查数量：全数检查。

  检验方法：核实设计图、核对产品的性能检验报告、直观检查。

12.2　室外消火栓和取水口

查看数量、设置位置、标识;测试压力、流量,消防车取水口;抽查室外消火栓、消防水带、消防枪等,并核对其证明文件。

验收依据　《消防给水及消火栓系统技术规范》GB 50974-2014 第 7.2.1、7.2.8、7.3.2、7.3.3—7.3.5、12.2.1、12.2.3 条。

主要内容

7.21　市政消火栓宜采用地上式室外消火栓;在严寒、寒冷等冬季结冰地区宜采用干式地上式室外消火栓,严寒地区宜增置消防水鹤。当采用地下式室外消火栓,地下消火栓井的直径不宜小于 1.5 m,且当地下式室外消火栓的取水口在冰冻线以上时,应采取保温措施。

7.2.8　当市政给水管网设有市政消火栓时,其平时运行工作压力不应小于 0.14 MPa,火灾时水力最不利市政消火栓的出流量不应小于 15 L/s,且供水压力从地面算起不应小于 0.10 MPa。

7.3.2　建筑室外消火栓的数量应根据室外消火栓设计流量和保护半径经计算确定,保护半径不应大于 150.0 m,每个室外消火栓的出流量宜按 10~15 L/s 计算。

7.3.3　室外消火栓宜沿建筑周围均匀布置,且不宜集中布置在建筑一侧;建筑消防扑救面一侧的室外消火栓数量不宜少于两个。

7.3.4 人防工程、地下工程等建筑应在出入口附近设置室外消火栓,且距出入口的距离不宜小于 5 m,并不宜大于 40 m。

7.3.5 停车场的室外消火栓宜沿停车场周边设置,且与最近一排汽车的距离不宜小于 7 m,距加油站或油库不宜小于 15 m。

12.2.1 消防给水及消火栓系统施工前应对采用的主要设备、系统组件、管材管件及其他设备、材料进行进场检查,并应符合下列要求:

① 主要设备、系统组件、管材管件及其他设备、材料,应符合国家现行相关产品标准的规定,并应具有出厂合格证或质量认证书;

② 消防水泵、消火栓、消防水带、消防水枪、消防软管卷盘或轻便水龙、报警阀组、电动(磁)阀、压力开关、流量开关、消防水泵接合器、沟槽连接件等系统主要设备和组件,应经国家消防产品质量监督检验中心检测合格;

③ 稳压泵、气压水罐、消防水箱、自动排气阀、信号阀、止回阀、安全阀、减压阀、倒流防止器、蝶阀、闸阀、流量计、压力表、水位计等,应经相应国家产品质量监督检验中心检测合格;

④ 气压水罐、组合式消防水池、屋顶消防水箱、地下水取水和地表水取水设施,以及其附件等,应符合国家现行相关

产品标准的规定。

检查数量：全数检查。

检查方法：检查相关资料。

12.2.3 消火栓的现场检验应符合下列要求：

① 室外消火栓应符合现行国家标准《室外消火栓》GB 4452 的性能和质量要求；

② 室内消火栓应符合现行国家标准《室内消火栓》GB 3445 的性能和质量要求；

③ 消防水带应符合现行国家标准《消防水带》GB 6246 的性能和质量要求；

④ 消防水枪应符合现行国家标准《消防水枪》GB 8181 的性能和质量要求；

⑤ 消火栓、消防水带、消防水枪的商标、制造厂等标志应齐全；

⑥ 消火栓、消防水带、消防水枪的型号、规格等技术参数应符合设计要求；

⑦ 消火栓外观应无加工缺陷和机械损伤；铸件表面应无结疤、毛刺、裂纹和缩孔等缺陷；铸铁阀体外部应涂红色油漆，内表面应涂防锈漆，手轮应涂黑色油漆；外部漆膜应光滑、平整、色泽一致，应无气泡、流痕、皱纹等缺陷，并应无明显碰、划等现象；

⑧ 消火栓螺纹密封面应无伤痕、毛刺、缺丝或断丝现象；

⑨ 消火栓的螺纹出水口和快速连接卡扣应无缺陷和机

械损伤,并应能满足使用功能的要求;

⑩ 消火栓阀杆升降或开启应平稳、灵活,不应有卡涩和松动现象;

⑪ 旋转型消火栓其内部构造应合理,转动部件应为铜或不锈钢,并应保证旋转可靠、无卡涩和漏水现象;

⑫ 减压稳压消火栓应保证可靠、无堵塞现象;

⑬ 活动部件应转动灵活,材料应耐腐蚀,不应卡涩或脱扣;

⑭ 消火栓固定接口应进行密封性能试验,应以无渗漏、无损伤为合格;试验数量宜从每批中抽查 1%,但不应少于 5 个,应缓慢而均匀地升压 1.6 MPa,应保压 2 min;当 2 个及以上不合格时,不应使用该批消火栓;当仅有 1 个不合格时,应再抽查 2%,但不应少于 10 个,并应重新进行密封性能试验;当仍有不合格时,亦不应使用该批消火栓;

⑮ 消防水带的织物层应编织得均匀,表面应整洁;应无跳双经、断双经、跳纬及划伤,衬里(或覆盖层)的厚度应均匀,表面应光滑平整、无折皱或其他缺陷;

⑯ 消防水枪的外观质量应符合本条第 4 款的有关规定,消防水枪的进出口口径应满足设计要求;

⑰ 火栓箱应符合现行国家标准《消火栓箱》GB 14561 的性能和质量要求;

⑱ 消防软管卷盘和轻便水龙应符合现行国家标准《消防软管卷盘》GB 15090 和现行行业标准《轻便消防水龙》

GA 180 的性能和质量要求。

外观和一般检查数量:全数检查。

检查方法:直观和尺量检查。

性能检查数量:抽查符合本条第 14 款的规定。

检查方法:直观检查及在专用试验装置上测试,主要测试设备有试压泵、压力表、秒表。

12.3 室内消防栓

查看同层设置数量、间距、位置;查看消火栓规格、型号;查看栓口设置、箱门开启不应小于 120°;查看标识、消火栓箱组件、箱门上应用红色字体注明"消火栓"字样;抽查室内消火栓、消防水带、消防枪、消防软管卷盘等,并核对其证明文件。

验收依据 《消防给水及消火栓系统技术规范》GB 50974-2014 第 7.4.2、7.4.7、7.4.8、7.4.10、12.2.1、12.2.3、12.3.9、12.3.10、13.2.13 条。

主要内容

7.4.2 室内消火栓的配置应符合下列要求:

① 应采用 DN65 室内消火栓,并可与消防软管卷盘或轻便水龙设置在同一箱体内;

② 应配置公称直径 65 有内衬里的消防水带,长度不宜超过 25.0 m;消防软管卷盘应配置内径不小于 D19 的消防软

管,其长度宜为 30.0 m;轻便水龙应配置公称直径 25 有内衬里的消防水带,长度宜为 30.0 m;

③ 宜配置当量喷嘴直径 16 mm 或 19 mm 的消防水枪,但当消火栓设计流量为 2.5 L/s 时宜配置当量喷嘴直径 11 mm 或 13 mm 的消防水枪;消防软管卷盘和轻便水龙应配置当量喷嘴直径 6 mm 的消防水枪。

7.4.7 建筑室内消火栓的设置位置应满足火灾扑救要求,并应符合下列规定:

① 室内消火栓应设置在楼梯间及其休息平台和前室、走道等明显易于取用,以及便于火灾扑救的位置;

② 住宅的室内消火栓宜设置在楼梯间及其休息平台;

③ 汽车库内消火栓的设置不应影响汽车的通行和车位的设置,并应确保消火栓的开启;

④ 同一楼梯间及其附近不同层设置的消火栓,其平面位置宜相同;

⑤ 冷库的室内消火栓应设置在常温穿堂或楼梯间内。

7.4.8 建筑室内消火栓栓口的安装高度应便于消防水龙带的连接和使用,其距地面高度宜为 1.1 m;其出水方向应便于消防水带的敷设,并宜与设置消火栓的墙面成 90°角或向下。

7.4.10 室内消火栓宜按直线距离计算其布置间距,并应符合下列规定:

① 消火栓按 2 支消防水枪的 2 股充实水柱布置的建筑

物,消火栓的布置间距不应大于 30.0 m;

② 消火栓按 1 支消防水枪的 1 股充实水柱布置的建筑物,消火栓的布置间距不应大于 50.0 m。

12.2.1 消防给水及消火栓系统施工前应对采用的主要设备、系统组件、管材管件及其他设备、材料进行进场检查,并应符合下列要求:

① 主要设备、系统组件、管材管件及其他设备、材料,应符合国家现行相关产品标准的规定,并应具有出厂合格证或质量认证书;

② 消防水泵、消火栓、消防水带、消防水枪、消防软管卷盘或轻便水龙、报警阀组、电动(磁)阀、压力开关、流量开关、消防水泵接合器、沟槽连接件等系统主要设备和组件,应经国家消防产品质量监督检验中心检测合格;

③ 稳压泵、气压水罐、消防水箱、自动排气阀、信号阀、止回阀、安全阀、减压阀、倒流防止器、蝶阀、闸阀、流量计、压力表、水位计等,应经相应国家产品质量监督检验中心检测合格;

④ 气压水罐、组合式消防水池、屋顶消防水箱、地下水取水和地表水取水设施,以及其附件等,应符合国家现行相关产品标准的规定。

检查数量:全数检查。

检查方法:检查相关资料。

12.2.3 消火栓的现场检验应符合下列要求:

① 室外消火栓应符合现行国家标准《室外消火栓》GB 4452 的性能和质量要求;

② 室内消火栓应符合现行国家标准《室内消火栓》GB 3445 的性能和质量要求;

③ 消防水带应符合现行国家标准《消防水带》GB 6246 的性能和质量要求;

④ 消防水枪应符合现行国家标准《消防水枪》GB 8181 的性能和质量要求;

⑤ 消火栓、消防水带、消防水枪的商标、制造厂等标志应齐全;

⑥ 消火栓、消防水带、消防水枪的型号、规格等技术参数应符合设计要求;

⑦ 消火栓外观应无加工缺陷和机械损伤;铸件表面应无结疤、毛刺、裂纹和缩孔等缺陷;铸铁阀体外部应涂红色油漆,内表面应涂防锈漆,手轮应涂黑色油漆;外部漆膜应光滑、平整、色泽一致,应无气泡、流痕、皱纹等缺陷,并应无明显碰、划等现象;

⑧ 消火栓螺纹密封面应无伤痕、毛刺、缺丝或断丝现象;

⑨ 消火栓的螺纹出水口和快速连接卡扣应无缺陷和机械损伤,并应能满足使用功能的要求;

⑩ 消火栓阀杆升降或开启应平稳、灵活,不应有卡涩和松动现象;

⑪ 旋转型消火栓其内部构造应合理,转动部件应为铜或

不锈钢,并应保证旋转可靠、无卡涩和漏水现象;

⑫ 减压稳压消火栓应保证可靠、无堵塞现象;

⑬ 活动部件应转动灵活,材料应耐腐蚀,不应卡涩或脱扣;

⑭ 消火栓固定接口应进行密封性能试验,应以无渗漏、无损伤为合格;试验数量宜从每批中抽查 1%,但不应少于 5 个,应缓慢而均匀地升压 1.6 MPa,应保压 2 min;当 2 个及以上不合格时,不应使用该批消火栓;当仅有 1 个不合格时,应再抽查 2%,但不应少于 10 个,并应重新进行密封性能试验;当仍有不合格时,亦不应使用该批消火栓;

⑮ 消防水带的织物层应编织得均匀,表面应整洁;应无跳双经、断双经、跳纬及划伤,衬里(或覆盖层)的厚度应均匀,表面应光滑平整、无折皱或其他缺陷;

⑯ 消防水枪的外观质量应符合本条第 4 款的有关规定,消防水枪的进出口口径应满足设计要求;

⑰ 消火栓箱应符合现行国家标准《消火栓箱》GB 14561的性能和质量要求;

⑱ 消防软管卷盘和轻便水龙应符合现行国家标准《消防软管卷盘》GB 15090 和现行行业标准《轻便消防水龙》GA 180 的性能和质量要求。

外观和一般检查数量:全数检查。

检查方法:直观和尺量检查。

性能检查数量：抽查符合本条第 14 款的规定。

检查方法：直观检查及在专用试验装置上测试,主要测试设备有试压泵、压力表、秒表。

12.3.9 室内消火栓及消防软管卷盘或轻便水龙的安装应符合下列规定：

① 室内消火栓及消防软管卷盘和轻便水龙的选型、规格应符合设计要求；

② 同一建筑物内设置的消火栓、消防软管卷盘和轻便水龙应采用统一规格的栓口、消防水枪和水带及配件；

③ 试验用消火栓栓口处应设置压力表；

④ 当消火栓设置减压装置时,应检查减压装置符合设计要求,且安装时应有防止砂石等杂物进入栓口的措施；

⑤ 室内消火栓及消防软管卷盘和轻便水龙应设置明显的永久性固定标志,当室内消火栓因美观要求需要隐蔽安装时,应有明显的标志,并应便于开启使用；

⑥ 消火栓栓口出水方向宜向下或与设置消火栓的墙面成 90°角,栓口不应安装在门轴侧；

⑦ 消火栓栓口中心距地面应为 1.1 m,特殊地点的高度可特殊对待,允许偏差 ±20 mm。

检查数量：按数量抽查 30%,但不应小于 10 个。

检验方法：核实设计图、核对产品的性能检验报告、直观检查。

12.3.10 消火栓箱的安装应符合下列规定：

① 消火栓的启闭阀门设置位置应便于操作使用,阀门的中心距箱侧面应为 140 mm,距箱后内表面应为 100 mm,允许偏差 ±5 mm;

② 室内消火栓箱的安装应平正、牢固,暗装的消火栓箱不应破坏隔墙的耐火性能;

③ 箱体安装的垂直度允许偏差为 ±3 mm;

④ 消火栓箱门的开启不应小于120°;

⑤ 安装消火栓水龙带,水龙带与消防水枪和快速接头绑扎好后,应根据箱内构造将水龙带放置;

⑥ 双向开门消火栓箱应有耐火等级应符合设计要求,当设计没有要求时应至少满足 1 h 耐火极限的要求;

⑦ 消火栓箱门上应用红色字体注明"消火栓"字样。

检查数量:按数量抽查 30%,但不应小于 10 个。

检验方法:直观和尺量检查。

13.2.13 消火栓验收应符合下列要求:

① 消火栓的设置场所、位置、规格、型号应符合设计要求和本规范第 7.2 节至第 7.4 节的有关规定;

② 室内消火栓的安装高度应符合设计要求;

③ 消火栓的设置位置应符合设计要求和本规范第 7 章的有关规定,并应符合消防救援和火灾扑救工艺的要求;

④ 消火栓的减压装置和活动部件应灵活可靠,栓后压力应符合设计要求。

检查数量:抽查消火栓数量10%,且总数每个供水分区不应少于 10 个,合格率应为 100%。

检查方法:对照图纸尺量检查。

12.4 水泵接合器

查看数量、设置位置、标识,测试充水情况;抽查水泵接合器,并核对其证明文件。

验收依据 《消防给水及消火栓系统技术规范》GB 50974-2014 第 5.4.7、5.4.8、12.2.1、12.2.6、13.2.14 条。

主要内容

5.4.7 水泵接合器应设在室外便于消防车使用的地点,且距室外消火栓或消防水池的距离不宜小于 15 m,并不宜大于 40 m。

5.4.8 墙壁消防水泵接合器的安装高度距地面宜为 0.70 m;与墙面上的门、窗、孔、洞的净距离不应小于 2.0 m,且不应安装在玻璃幕墙下方;地下消防水泵接合器的安装,应使进水口与井盖底面的距离不大于 0.4 m,且不应小于井盖的半径。

12.2.1 消防给水及消火栓系统施工前应对采用的主要设备、系统组件、管材管件及其他设备、材料进行进场检查,并应符合下列要求:

① 主要设备、系统组件、管材管件及其他设备、材料,应符合国家现行相关产品标准的规定,并应具有出厂合格证或

质量认证书;

② 消防水泵、消火栓、消防水带、消防水枪、消防软管卷盘或轻便水龙、报警阀组、电动(磁)阀、压力开关、流量开关、消防水泵接合器、沟槽连接件等系统主要设备和组件,应经国家消防产品质量监督检验中心检测合格;

③ 稳压泵、气压水罐、消防水箱、自动排气阀、信号阀、止回阀、安全阀、减压阀、倒流防止器、蝶阀、闸阀、流量计、压力表、水位计等,应经相应国家产品质量监督检验中心检测合格;

④ 气压水罐、组合式消防水池、屋顶消防水箱、地下水取水和地表水取水设施,以及其附件等,应符合国家现行相关产品标准的规定。

检查数量:全数检查。

检查方法:检查相关资料。

12.2.6 阀门及其附件的现场检验应符合下列要求:

① 阀门的商标、型号、规格等标志应齐全,阀门的型号、规格应符合设计要求;

② 阀门及其附件应配备齐全,不应有加工缺陷和机械损伤;

③ 报警阀和水力警铃的现场检验,应符合现行国家标准《自动喷水灭火系统施工及验收规范》GB 50261 的有关规定;

④ 闸阀、截止阀、球阀、蝶阀和信号阀等通用阀门,应符合现行国家标准《通用阀门压力试验》GB/T 13927 和《自动

喷水灭火系统》(第6部分：通用阀门)GB 5135.6等的有关规定；

⑤ 消防水泵接合器应符合现行国家标准《消防水泵接合器》GB 3446的性能和质量要求；

⑥ 自动排气阀、减压阀、泄压阀、止回阀等阀门性能，应符合现行国家标准《通用阀门压力试验》GB/T 13927、《自动喷水灭火系统》(第6部分：通用阀门)GB 5135.6、《压力释放装置性能试验规范》GB/T 12242、《减压阀性能试验方法》GB/T 12245、《安全阀一般要求》GB/T 12241、《阀门的检验与试验》JB/T 9092等的有关规定；

⑦ 阀门应有清晰的铭牌、安全操作指示标志、产品说明书和水流方向的永久性标志。

检查数量：全数检查。

检查方法：直观检查及在专用试验装置上测试，主要测试设备有试压泵、压力表、秒表。

13.2.14 消防水泵接合器数量及进水管位置应符合设计要求，消防水泵接合器应采用消防车车载消防水泵进行充水试验，且供水最不利点的压力、流量应符合设计要求；当有分区供水时应确定消防车的最大供水高度和接力泵的设置位置的合理性。

检查数量：全数检查。

检查方法：使用流量计、压力表和直观检查。

12.5 系统功能

测试压力、流量(有条件时应测试在模拟系统最大流量时最不利点压力);测试压力开关或流量开关自动启泵功能;测试消火栓箱启泵按钮报警信号;测试控制室直接启动消防水泵功能。

验收依据 《消防给水及消火栓系统技术规范》GB 50974-2014 第 11.0.4、11.0.7、11.0.19、13.2.15、13.2.17 条。

主要内容

11.0.4 消防水泵应由消防水泵出水干管上设置的压力开关、高位消防水箱出水管上的流量开关,或报警阀压力开关等开关信号应能直接自动启动消防水泵。消防水泵房内的压力开关宜引入消防水泵控制柜内。

11.0.7 消防控制室或值班室,应具有下列控制和显示功能:

① 消防控制柜或控制盘应设置专用线路连接的手动直接启泵按扭;

② 消防控制柜或控制盘应能显示消防水泵和稳压泵的运行状态;

③ 消防控制柜或控制盘应能显示消防水池、高位消防水箱等水源的高水位、低水位报警信号,以及正常水位。

11.0.19 消火栓按钮不宜作为直接启动消防水泵的开关,但可作为发出报警信号的开关或启动干式消火栓系统的快速启闭装置等。

13.2.15 消防给水系统流量、压力的验收,应通过系统流量、压力检测装置和末端试水装置进行放水试验,系统流量、压力和消火栓充实水柱等应符合设计要求。

检查数量:全数检查。

检查方法:直观检查。

13.2.17 应进行系统模拟灭火功能试验,且应符合下列要求:

① 干式消火栓报警阀动作,水力警铃应鸣响压力开关动作;

② 流量开关、低压压力开关和报警阀压力开关等动作,应能自动启动消防水泵及与其连锁的相关设备,并应有反馈信号显示;

③ 消防水泵启动后,应有反馈信号显示

④ 干式消火栓系统的干式报警阀的加速排气器动作后,应有反馈信号显示;

⑤ 其他消防联动控制设备启动后,应有反馈信号显示。

检查数量:全数检查。

检查方法:直观检查。

13 自动喷水灭火系统

13.1 供水水源

查验市政供水的进水管数量、管径、供水能力。

验收依据 《消防给水及消火栓系统技术规范》GB 50974-2014 第 13.2.4 条;《自动喷水灭火系统施工及验收规范》GB 50261-2017 第 8.0.4 条。

主要内容

《消防给水及消火栓系统技术规范》GB 50974-2014

13.2.4 水源的检查验收应符合以下要求:

应检查室外给水管网的进水管管径及供水能力,并应检查高位消防水箱、高位消防水池和消防水池等的有效容积和水位测量装置等应符合设计要求;

检查数量:全数检查。

检查方法:对照设计资料直观检查。

《自动喷水灭火系统施工及验收规范》GB 50261-2017

8.0.4 系统供水水源的检查验收应符合下列要求。

① 应检查室外给水管网的进水管管径及供水能力,并应检查高位消防水箱和消防水池容量,均应符合设计要求。

② 当采用天然水源作系统的供水水源时,其水量、水质应符合设计要求,并应检查枯水期最低水位时确保消防用水的技术措施。

③ 消防水池水位显示装置,最低水位装置应符合设计要求。

检查数量:全数检查。

检查方法:对照设计资料观察检查。

④ 高位消防水箱、消防水池的有效消防容积,应按出水管或吸水管喇叭口(或防止旋流器淹没深度)的最低标高确定。

检查数量:全数检查。

检查方法:对照图纸,尺量检查。

13.2 消防水池

查看设置位置、水位显示与报警装置;核对有效容量。

验收依据 《消防给水及消火栓系统技术规范》GB 50974-2014 第 13.2.9 条;《自动喷水灭火系统施工及验收规范》GB 50261-2017 第 8.0.4 条。

主要内容

《自动喷水灭火系统施工及验收规范》GB 50261-2017

8.0.4 系统供水水源的检查验收应符合下列要求。

① 应检查室外给水管网的进水管管径及供水能力,并应

检查高位消防水箱和消防水池容量,均应符合设计要求。

② 当采用天然水源作系统的供水水源时,其水量、水质应符合设计要求,并应检查枯水期最低水位时确保消防用水的技术措施。

③ 消防水池水位显示装置,最低水位装置应符合设计要求。

检查数量:全数检查。

检查方法:对照设计资料观察检查。

④ 高位消防水箱、消防水池的有效消防容积,应按出水管或吸水管喇叭口(或防止旋流器淹没深度)的最低标高确定。

检查数量:全数检查。

检查方法:对照图纸,尺量检查。

《消防给水及消火栓系统技术规范》GB 50974-2014

13.2.9 消防水池、高位消防水池和高位消防水箱验收应符合下列要求:

① 设置位置应符合设计要求;

② 消防水池、高位消防水池和高位消防水箱的有效容积、水位、报警水位等,应符合设计要求;

③ 进出水管、溢流管、排水管等应符合设计要求,且溢流管应采用间接排水;

④ 管道、阀门和进水浮球阀等应便于检修,人孔和爬梯位置应合理;

⑤ 消防水池吸水井、吸(出)水管喇叭口等设置位置应符合设计要求。

检查数量：全数检查。

检查方法：直观检查。

13.3 消防水泵

查看吸水方式,测试水泵启停;测试主、备电源切换和主、备泵启动、故障切换;查看消防水泵启动控制装置;测试水锤消除设施后的压力;抽查消防泵组,并核对其证明文件。

验收依据 《自动喷水灭火系统施工及验收规范》GB 50261-2017 第 3.2.1、4.2.1、8.0.6 条;《消防给水及消火栓系统技术规范》GB 50974-2014 第 13.2.6 条。

主要内容

《自动喷水灭火系统施工及验收规范》GB 50261-2017

3.2.1 自动喷水灭火系统施工前应对采用的系统组件、管件及其他设备、材料进行现场检查,并应符合下列要求。

① 系统组件、管件及其他设备、材料,应符合设计要求和国家现行有关标准的规定,并应具有出厂合格证或质量认证书。

检查数量：全数检查。

检查方法：检查相关资料。

② 喷头、报警阀组、压力开关、水流指示器、消防水泵、水

泵接合器等系统主要组件,应经国家消防产品质量监督检验中心检测合格;稳压泵、自动排气阀、信号阀、多功能水泵控制阀、止回阀、泄压阀、减压阀、蝶阀、闸阀、压力表等,应经相应国家产品质量监督检验中心检测合格。

检查数量:全数检查。

检查方法:检查相关资料。

4.2.1 消防水泵的规格、型号应符合设计要求,并应有产品合格证和安装使用说明书。

检查数量:全数检查。

检查方法:对照图纸观察检查。

8.0.6 消防水泵验收应符合下列要求。

① 工作泵、备用泵、吸水管、出水管及出水管上的阀门、仪表的规格、型号、数量,应符合设计要求;吸水管、出水管上的控制阀应锁定在常开位置,并有明显标记。

检查数量:全数检查。

检查方法:对照图纸观察检查。

② 消防水泵应采用自灌式引水或其他可靠的引水措施。

检查数量:全数检查。

检查方法:观察和尺量检查。

③ 分别开启系统中的每一个末端试水装置和试水阀,水流指示器、压力开关等信号装置的功能应均符合设计要求。湿式自动喷水灭火系统的最不利点做末端放水试验时,自放水开始至水泵启动时间不应超过 5 min。

④ 打开消防水泵出水管上试水阀,当采用主电源启动消防水泵时,消防水泵应启动正常;关掉主电源,主、备电源应能正常切换;备用电源切换时,消防水泵应在 1 min 或 2 min 内投入正常运行;自动或手动启动消防泵时应在 55 s 内投入正常运行。

检查数量:全数检查。

检查方法:观察检查。

⑤ 消防水泵停泵时,水锤消除设施后的压力不应超过水泵出口额定压力的 1.3~1.5 倍。

检查数量:全数检查。

检查方法:在阀门出口用压力表检查。

⑥ 对消防气压给水设备,当系统气压下降到设计最低压力时,通过压力变化信号应能启动稳压泵。

检查数量:全数检查。

检查方法:使用压力表,观察检查。

⑦ 消防水泵启动控制应置于自动启动档,消防水泵应互为备用。

检查数量:全数检查。

检查方法:观察检查。

《消防给水及消火栓系统技术规范》GB 50974-2014

13.2.6 消防水泵验收应符合下列要求:

① 消防水泵运转应平稳,应无不良噪声的振动;

② 工作泵、备用泵、吸水管、出水管及出水管上的泄压

阀、水锤消除设施、止回阀、信号阀等的规格、型号、数量,应符合设计要求;吸水管、出水管上的控制阀应锁定在常开位置,并应有明显标记;

③ 消防水泵应采用自灌式引水方式,并应保证全部有效储水被有效利用;

④ 分别开启系统中的每一个末端试水装置、试水阀和试验消火栓,水流指示器、压力开关、压力开关(管网)、高位消防水箱流量开关等信号的功能,均应符合设计要求;

⑤ 打开消防水泵出水管上试水阀,当采用主电源启动消防水泵时,消防水泵应启动正常;关掉主电源,主、备电源应能正常切换;备用泵启动和相互切换正常;消防水泵就地和远程启停功能应正常;

⑥ 消防水泵停泵时,水锤消除设施后的压力不应超过水泵出口设计工作压力的 1.4 倍;

⑦ 消防水泵启动控制应置于自动启动挡;

⑧ 采用固定和移动式流量计和压力表测试消防水泵的性能,水泵性能应满足设计要求。

检查数量:全数检查。

检查方法:直观检查和采用仪表检测。

13.4 气压给水设备

测试稳压泵的稳压功能;抽查消防气压给水设备、增压稳压给水设备等,并核对其证明文件;抽查消防气压给水设备、增压稳压给水设备等,并核对其证明文件。

验收依据 《消防给水及消火栓系统技术规范》GB 50974-2014 第 13.2.7、13.2.10 条;《自动喷水灭火系统施工及验收规范》GB 50261-2017 第 8.0.6 条。

主要内容

《消防给水及消火栓系统技术规范》GB 50974-2014

13.2.7 稳压泵验收应符合下列要求:

① 稳压泵的型号、性能等应符合设计要求;

② 稳压泵的控制应符合设计要求,并应有防止稳压泵频繁启动的技术措施;

③ 稳压泵在 1 h 内的启停次数应符合设计要求,并不宜大于 15 次/h;

④ 稳压泵供电应正常,自动手动启停应正常;关掉主电源,主、备电源应能正常切换;

⑤ 气压水罐的有效容积以及调节容积应符合设计要求,并应满足稳压泵的启停要求。

检查数量:全数检查。

检查方法:直观检查。

13.2.10 气压水罐验收应符合下列要求:

① 气压水罐的有效容积、调节容积和稳压泵启泵次数应符合设计要求;

② 气压水罐气侧压力应符合设计要求。

检查数量：全数检查。

检查方法：直观检查。

《自动喷水灭火系统施工及验收规范》GB 50261-2017

8.0.6 消防水泵验收应符合下列要求。

① 工作泵、备用泵、吸水管、出水管及出水管上的阀门、仪表的规格、型号、数量，应符合设计要求；吸水管、出水管上的控制阀应锁定在常开位置，并有明显标记。

检查数量：全数检查。

检查方法：对照图纸观察检查。

② 消防水泵应采用自灌式引水或其他可靠的引水措施。

检查数量：全数检查。

检查方法：观察和尺量检查。

③ 分别开启系统中的每一个末端试水装置和试水阀，水流指示器、压力开关等信号装置的功能应均符合设计要求；湿式自动喷水灭火系统的最不利点做末端放水试验时，自放水开始至水泵启动时间不应超过 5 min。

④ 打开消防水泵出水管上试水阀，当采用主电源启动消防水泵时，消防水泵应启动正常；关掉主电源，主、备电源应能正常切换；备用电源切换时，消防水泵应在 1 min 或 2 min 内投入正常运行；自动或手动启动消防泵时应在 55 s 内投入正常运行。

检查数量：全数检查。

检查方法：观察检查。

⑤ 消防水泵停泵时，水锤消除设施后的压力不应超过水泵出口额定压力的 1.3～1.5 倍。

检查数量：全数检查。

检查方法：在阀门出口用压力表检查。

⑥ 对消防气压给水设备，当系统气压下降到设计最低压力时，通过压力变化信号应能启动稳压泵。

检查数量：全数检查。

检查方法：使用压力表，观察检查。

⑦ 消防水泵启动控制应置于自动启动档，消防水泵应互为备用。

检查数量：全数检查。

检查方法：观察检查。

13.5　消防水箱

核对容量；查看补水措施；查看确保水量的措施，管网连接。

验收依据　《消防给水及消火栓系统技术规范》GB 50974-2014 第 5.2.6、13.2.9 条。

主要内容

5.2.6　高位消防水箱应符合下列规定：

① 高位消防水箱的有效容积、出水、排水和水位等，应符

合本规范第 4.3.8 条和第 4.3.9 条的规定；

②高位消防水箱的最低有效水位应根据出水管喇叭口和防止旋流器的淹没深度确定,当采用出水管喇叭口时,应符合本规范第 5.1.13 条第 4 款的规定;当采用防止旋流器时应根据产品确定,且不应小于 150 mm 的保护高度;

③高位消防水箱的通气管、呼吸管等应符合本规范第 4.3.10 条的规定;

④高位消防水箱外壁与建筑本体结构墙面或其他池壁之间的净距,应满足施工或装配的需要,无管道的侧面,净距不宜小于 0.7 m;安装有管道的侧面,净距不宜小于 1.0 m,且管道外壁与建筑本体墙面之间的通道宽度不宜小于 0.6 m;设有人孔的水箱顶,其顶面与其上面的建筑物本体板底的净空不应小于 0.8 m;

⑤进水管的管径应满足消防水箱 8 h 充满水的要求,但管径不应小于 DN32,进水管宜设置液位阀或浮球阀;

⑥进水管应在溢流水位以上接入,进水管口的最低点高出溢流边缘的高度应等于进水管管径,但最小不应小于 100 mm,最大不应大于 150 mm;

⑦当进水管为淹没出流时,应在进水管上设置防止倒流的措施或在管道上设置虹吸破坏孔和真空破坏器,虹吸破坏孔的孔径不宜小于管径的 1/5,且不应小于 25 mm;但当采用生活给水系统补水时,进水管不应淹没出流;

⑧ 溢流管的直径不应小于进水管直径的 2 倍,且不应小于 DN100,溢流管的喇叭口直径不应小于溢流管直径的 1.5～2.5 倍;

⑨ 高位消防水箱出水管管径应满足消防给水设计流量的出水要求,且不应小于 DN100;

⑩ 高位消防水箱出水管应位于高位消防水箱最低水位以下,并应设置防止消防用水进入高位消防水箱的止回阀;

⑪ 高位消防水箱的进、出水管应设置带有指示启闭装置的阀门。

13.2.9　消防水池、高位消防水池和高位消防水箱验收应符合下列要求:

① 设置位置应符合设计要求;

② 消防水池、高位消防水池和高位消防水箱的有效容积、水位、报警水位等,应符合设计要求;

③ 进出水管、溢流管、排水管等应符合设计要求,且溢流管应采用间接排水;

④ 管道、阀门和进水浮球阀等应便于检修,人孔和爬梯位置应合理;

⑤ 消防水池吸水井、吸(出)水管喇叭口等设置位置应符合设计要求。

检查数量:全数检查。

检查方法:直观检查。

13.6 报警阀组

测试系统流量、压力;查看水力警铃位置设置,测试水力警铃喷嘴压力及警铃声强;测试雨淋阀,查看控制阀状态;测试压力开关动作后,消防水泵及联动设备的启动,信号反馈,排水设施设置情况;抽查报警阀,并核对其证明文件。

验收依据 《自动喷水灭火系统施工及验收规范》GB 50261-2017 第 3.2.1、8.0.7 条。

主要内容

3.2.1 自动喷水灭火系统施工前应对采用的系统组件、管件及其他设备、材料进行现场检查,并应符合下列要求。

① 系统组件、管件及其他设备、材料,应符合设计要求和国家现行有关标准的规定,并应具有出厂合格证或质量认证书。

检查数量:全数检查。

检查方法:检查相关资料。

② 喷头、报警阀组、压力开关、水流指示器、消防水泵、水泵接合器等系统主要组件,应经国家消防产品质量监督检验中心检测合格;稳压泵、自动排气阀、信号阀、多功能水泵控制阀、止回阀、泄压阀、减压阀、蝶阀、闸阀、压力表等,应经相应国家产品质量监督检验中心检测合格。

检查数量:全数检查。

检查方法:检查相关资料。

8.0.7 报警阀组的验收应符合下列要求。

① 报警阀组的各组件应符合产品标准要求。

检查数量：全数检查。

检查方法：观察检查。

② 打开系统流量压力检测装置放水阀，测试的流量、压力应符合设计要求。

检查数量：全数检查。

检查方法：使用流量计、压力表观察检查。

③ 水力警铃的设置位置应正确，测试时，水力警铃喷嘴处压力不应小于 0.05 MPa，且距水力警铃 3 m 远处警铃声声强不应小于 70 dB。

检查数量：全数检查。

检查方法：打开阀门放水，使用压力表、声级计和尺量检查。

④ 打开手动试水阀或电磁阀时，雨淋阀组动作应可靠。

⑤ 控制阀均应锁定在常开位置。

检查数量：全数检查。

检查方法：观察检查。

⑥ 空气压缩机或火灾自动报警系统的联动控制，应符合设计要求。

⑦ 打开末端试（放）水装置，当流量达到报警阀动作流量时，湿式报警阀和压力开关应及时动作，带延迟器的报警阀应在 90 s 内压力开关动作，不带延迟器的报警阀应在 15 s 内

压力开关动作;雨淋报警阀动作后 15 s 内压力开关动作。

13.7　管网

查看管道的材质、管径、接头、连接方式及采取的防腐、防冻措施;查看管网排水坡度及辅助排水设施;查看系统中的末端试水装置、试水阀、排气阀;查看管网组件,闸阀、单向阀、电磁阀、信号阀、水流指示器、减压孔板、节流管、减压阀、柔性接头、排水管、排气阀、泄压阀等的设置;测试干式系统、预作用系统的管道充水时间;查看配水支管、配水管、配水干管设置的支架、吊架和防晃支架;抽查消防闸阀、球阀、蝶阀、电磁阀、截止阀、信号阀、单向阀、水流指示器、末端试水装置等,并核对其证明文件;抽查消防闸阀、球阀、蝶阀、电磁阀、截止阀、信号阀、单向阀、水流指示器、末端试水装置等,并核对其证明文件。

验收依据　《自动喷水灭火系统施工及验收规范》GB 50261-2017 第 3.2.1、8.0.8 条。

主要内容

3.2.1　自动喷水灭火系统施工前应对采用的系统组件、管件及其他设备、材料进行现场检查,并应符合下列要求。

① 系统组件、管件及其他设备、材料,应符合设计要求和国家现行有关标准的规定,并应具有出厂合格证或质量认证书。

检查数量：全数检查。

检查方法：检查相关资料。

② 喷头、报警阀组、压力开关、水流指示器、消防水泵、水泵接合器等系统主要组件，应经国家消防产品质量监督检验中心检测合格；稳压泵、自动排气阀、信号阀、多功能水泵控制阀、止回阀、泄压阀、减压阀、蝶阀、闸阀、压力表等，应经相应国家产品质量监督检验中心检测合格。

检查数量：全数检查。

检查方法：检查相关资料。

8.0.8 管网验收应符合下列要求。

① 管道的材质、管径、接头、连接方式及采取的防腐、防冻措施，应符合设计规范及设计要求。

② 管网排水坡度及辅助排水设施，应符合《自动喷水灭火系统施工及验收规范》GB 50261－2017 第 5.1.17 条的规定。

检查方法：水平尺和尺量检查。

③ 系统中的末端试水装置、试水阀、排气阀应符合设计要求。

④ 管网不同部位安装的报警阀组、闸阀、止回阀、电磁阀、信号阀、水流指示器、减压孔板、节流管、减压阀、柔性接头、排水管、排气阀、泄压阀等，均应符合设计要求。

检查数量：报警阀组、压力开关、止回阀、减压阀、泄压阀、电磁阀全数检查，合格率应为 100%；闸阀、信号阀、水流指示器、减压孔板、节流管、柔性接头、排气阀等抽查设计数量的 30%,数量均不少于 5 个,合格率应为 100%。

检查方法:对照图纸观察检查。

⑤ 干式系统、由火灾自动报警系统和充气管道上设置的压力开关开启预作用装置的预作用系统,其配水管道充水时间不宜大于 1 min;雨淋系统和仅由火灾自动报警系统联动开启预作用装置的预作用系统,其配水管道充水时间不宜大于 2 min。

检查数量:全数检查。

检查方法:通水试验,用秒表检查。

13.8　喷头

查看喷头安装间距,喷头与楼板、墙、梁等障碍物的距离;查看有腐蚀性气体的环境和有冰冻危险场所安装的喷头;查看有碰撞危险场所安装的喷头;查看备用喷头,抽查喷头,并核对其证明文件。

验收依据　《自动喷水灭火系统施工及验收规范》GB 50261-2017 第 3.2.1、3.2.7、8.0.9 条。

主要内容

3.2.1　自动喷水灭火系统施工前应对采用的系统组件、管件及其他设备、材料进行现场检查,并应符合下列要求。

① 系统组件、管件及其他设备、材料,应符合设计要求和国家现行有关标准的规定,并应具有出厂合格证或质量认证书。

检查数量:全数检查。

检查方法:检查相关资料。

② 喷头、报警阀组、压力开关、水流指示器、消防水泵、水泵接合器等系统主要组件,应经国家消防产品质量监督检验中心检测合格;稳压泵、自动排气阀、信号阀、多功能水泵控制阀、止回阀、泄压阀、减压阀、蝶阀、闸阀、压力表等,应经相应国家产品质量监督检验中心检测合格。

检查数量:全数检查。

检查方法:检查相关资料。

3.2.7　喷头的现场检验必须符合下列要求:

① 喷头的商标、型号、公称动作温度、响应时间指数(RTI)、制造厂及生产日期等标志应齐全;

② 喷头的型号、规格等应符合设计要求;

③ 喷头外观应无加工缺陷和机械损伤;

④ 喷头螺纹密封面应无伤痕、毛刺、缺丝或断丝现象;

⑤ 闭式喷头应进行密封性能试验,以无渗漏、无损伤为合格;试验数量应从每批中抽查 1%,并不得少于 5 只,试验压力应为 3.0 MPa,保压时间不得少于 3 min;当 2 只及以上不合格时,不得使用该批喷头;当仅有 1 只不合格时,应再抽查 2%,并不得少于 10 只,并重新进行密封性能试验;当仍有

不合格时,亦不得使用该批喷头。

检查数量:符合本条第 5 款的规定。

检查方法:观察检查及在专用试验装置上测试,主要测试设备有试压泵、压力表、秒表。

8.0.9 喷头验收应符合下列要求。

① 喷头设置场所、规格、型号、公称动作温度、响应时间指数(RTI)应符合设计要求。

检查数量:抽查设计喷头数量 10%,总数不少于 40 个,合格率应为 100%。

检查方法:对照图纸尺量检查。

② 喷头安装间距,喷头与楼板、墙、梁等障碍物的距离应符合设计要求。

检查数量:抽查设计喷头数量 5%,总数不少于 20 个,距离偏差 ± 15 mm,合格率不小于 95%时为合格。

检验方法:对照图纸尺量检查。

③ 有腐蚀性气体的环境和有冰冻危险场所安装的喷头,应采取防护措施。

检查数量:全数检查。

检查方法:观察检查。

④ 有碰撞危险场所安装的喷头应加设防护罩。

检查数量:全数检查。

检查方法:观察检查。

⑤ 各种不同规格的喷头均应有一定数量的备用品,其数

量不应小于安装总数的 1%，且每种备用喷头不应少于
10 个。

13.9　水泵结合器

查看数量、设置位置、标识，测试充水情况；抽查水泵结
合器，并核对其证明文件。

验收依据　《自动喷水灭火系统施工及验收规范》
GB 50261-2017 第 3.2.1、4.5.2、4.5.3、8.0.10 条。

主要内容

3.2.1　自动喷水灭火系统施工前应对采用的系统组件、
管件及其他设备、材料进行现场检查，并应符合下列要求。

① 系统组件、管件及其他设备、材料，应符合设计要求和
国家现行有关标准的规定，并应具有出厂合格证或质量认
证书。

检查数量：全数检查。

检查方法：检查相关资料。

② 喷头、报警阀组、压力开关、水流指示器、消防水泵、水
泵接合器等系统主要组件，应经国家消防产品质量监督检验
中心检测合格；稳压泵、自动排气阀、信号阀、多功能水泵控
制阀、止回阀、泄压阀、减压阀、蝶阀、闸阀、压力表等，应经相
应国家产品质量监督检验中心检测合格。

检查数量：全数检查。

检查方法：检查相关资料。

4.5.2 消防水泵接合器的安装应符合下列规定。

① 应安装在便于消防车接近的人行道或非机动车行驶地段,距室外消火栓或消防水池的距离宜为 15～40 m。

检查数量：全数检查。

检查方法：观察检查、尺量检查。

② 自动喷水灭火系统的消防水泵接合器应设置与消火栓系统的消防水泵接合器区别的永久性固定标志,并有分区标志。

检查数量：全数检查。

检查方法：观察检查。

③ 地下消防水泵接合器应采用铸有"消防水泵接合器"标志的铸铁井盖,并应在附近设置指示其位置的永久性固定标志。

检查数量：全数检查。

检查方法：观察检查。

④ 墙壁消防水泵接合器的安装应符合设计要求,设计无要求时,其安装高度距地面宜为 0.7 m;与墙面上的门、窗、孔、洞的净距离不应小于 2.0 m,且不应安装在玻璃幕墙下方。

检查数量：全数检查。

检查方法：观察检查和尺量检查。

4.5.3 地下消防水泵接合器的安装,应使进水口与井盖底面的距离不大于 0.4 m,且不应小于井盖的半径。

检查数量：全数检查。

检查方法：尺量检查。

8.0.10　水泵接合器数量及进水管位置应符合设计要求,消防水泵接合器应进行充水试验,且系统最不利点的压力、流量应符合设计要求。

检查数量：全数检查。

检查方法：使用流量计、压力表和观察检查。

13.10　系统功能

测试水流指示器动作情况;测试压力开关动作情况;测试雨淋阀动作情况;测试消防水泵的远程手动、压力开关连锁启动情况;测试干式系统加速器动作情况;测试其他联动控制设备启动情况。

验收依据　《自动喷水灭火系统施工及验收规范》GB 50261-2017 第 8.0.11、8.0.12 条。

主要内容

8.0.11　系统流量、压力的验收,应通过系统流量压力检测装置进行放水试验,系统流量、压力应符合设计要求。

检查数量：全数检查。

检查方法：观察检查。

8.0.12　系统应进行系统模拟灭火功能试验,且应符合下列要求。

① 报警阀动作,水力警铃应鸣响。

检查数量:全数检查。

检查方法:观察检查

② 水流指示器动作,应有反馈信号显示。

检查数量:全数检查。

检查方法:观察检查。

③ 压力开关动作,应启动消防水泵及与其联动的相关设备,并应有反馈信号显示。

检查数量:全数检查。

检查方法:观察检查。

④ 电磁阀打开,雨淋阀应开启,并应有反馈信号显示。

检查数量:全数检查。

检查方法:观察检查。

⑤ 消防水泵启动后,应有反馈信号显示。

检查数量:全数检查。

检查方法:观察检查。

⑥ 加速器动作后,应有反馈信号显示。

检查数量:全数检查。

检查方法:观察检查。

⑦ 其他消防联动控制设备启动后,应有反馈信号显示。

检查数量:全数检查。

检查方法:观察检查。

14 火灾自动报警系统

14.1 系统形式

查看系统的设置形式。

验收依据 核对消防设计文件;《火灾自动报警系统设计规范》GB 50116-2013 第 3.2.1 条。

主要内容

3.2.1 火灾自动报警系统形式的选择,应符合下列规定:

① 仅需要报警,不需要联动自动消防设备的保护对象宜采用区域报警系统;

② 不仅需要报警,同时需要联动自动消防设备,且只设置一台具有集中控制功能的火灾报警控制器和消防联动控制器的保护对象,应采用集中报警系统,并应设置一个消防控制室;

③ 设置两个及以上消防控制室的保护对象,或已设置两个及以上集中报警系统的保护对象,应采用控制中心报警系统。

14.2　火灾探测器

测试报警功能,查看设置位置;查看规格、选型、短路隔离器的设置,核对同区域数量;抽查火灾探测器、可燃气体探测器、手动火灾报警按钮、消火栓按钮等,并核对其证明文件。

验收依据　《火灾自动报警系统施工及验收标准》GB 50166-2019 第 4.3.4—4.3.12 条、第 3.3.6—3.3.15 条、第 2.2.1—2.2.5 条;《火灾自动报警系统设计规范》GB 50116-2013 第 3.1.6 条、第 5 章;《火灾自动报警系统施工及验收标准》GB 50166-2019 第 2.2.1—2.2.5 条

主要内容

《火灾自动报警系统施工及验收标准》GB 50166-2019

2.2.1　材料、设备及配件进入施工现场应具有清单、使用说明书、质量合格证明文件、国家法定质检机构的检验报告等文件,火灾自动报警系统中的强制认证产品还应有认证证书和认证标识。

2.2.2　系统中国家强制认证的产品、型号、规格应与认证证书和检验报告一致。

2.2.3　系统中非国家强制认证的产品、型号、规格应与检验报告一致,检验报告中未包括的配接产品接入系统时,应提供系统组件兼容性检验报告。

2.2.4　系统设备及配件的规格、型号应符合设计文件的

规定。

2.2.5 系统设备及配件表面应无明显划痕、毛刺等机械损伤,紧固部位应无松动。

3.3.6 点型感烟火灾探测器、点型感温火灾探测器、一氧化碳火灾探测器、点型家用火灾探测器、独立式火灾探测报警器的安装,应符合下列规定:

① 探测器至墙壁、梁边的水平距离不应小于 0.5 m;

② 探测器周围水平距离 0.5 m 内不应有遮挡物;

③ 探测器至空调送风口最近边的水平距离不应小于 1.5 m,至多孔送风顶棚孔口的水平距离不应小于 0.5 m;

④ 在宽度小于 3 m 的内走道顶棚上安装探测器时、宜居中安装,点型感温火灾探测器的安装间距不应超过 10 m,点型感烟火灾探测器的安装间距不应超过 15 m,探测器至端墙的距离不应大于安装间距的一半;

⑤ 探测器宜水平安装,当确需倾斜安装时,倾斜角不应大于 45°。

3.3.7 线型光束感烟火灾探测器的安装应符合下列规定:

① 探测器光束轴线至顶棚的垂直距离宜为 0.3～1.0 m,高度大于 12 m 的空间场所增设的探测器的安装高度应符合设计文件和现行国家标准《火灾自动报警系统设计规范》GB 50116 的规定;

② 发射器和接收器(反射式探测器的探测器和反射

板)之间的距离不宜超过 100 m；

③ 相邻两组探测器光束轴线的水平距离不应大于 14 m，探测器光束辅线至侧墙水平距离不应大于 7 m，且不应小于 0.5 m；

④ 发射器和接收器(反射式探测器的探测器和反射板)应安装在固定结构上，且应安装牢固，确需安装在钢架等容易发生位移形变的结构上时，结构的位移不应影响探测器的正常运行；

⑤ 发射器和接收器(反射式探测器的探测器和反射板)之间的光路上应无遮挡物；

⑥ 应保证接收器(反射式探测器的探测器)避开日光和人工光源直接照射。

3.3.8 线型感温火灾探测器的安装应符合下列规定：

① 敷设在顶棚下方的线型感温火灾探测器至顶棚距离宜为 0.1 m，相邻探测器之间的水平距离不宜大于 5 m，探测器至墙壁距离宜为 1.0～1.5 m；

② 在电缆桥架、变压器等设备上安装时，宜采用接触式布置，在各种皮带输送装置上敷设时，宜敷设在装置的过热点附近；

③ 探测器敏感部件应采用产品配套的固定装置固定，固定装置的间距不宜大于 2 m；

④ 缆式线型感温火灾探测器的敏感部件应采用连续无接头方式安装，如确需中间接线，应采用专用接线盒连接，敏

感部件安装敷设时应避免重力挤压冲击，不应硬性折弯、扭转，探测器的弯曲半径宜大于 0.2 m；

⑤ 分布式线型光纤感温火灾探测器的感温光纤不应打结，光纤弯曲时，弯曲半径应大于 50 mm，每个光通道配接的感温光纤的始端及末端应各设置不小于 8 m 的余量段，感温光纤穿越相邻的报警区域时，两侧应分别设置不小于 8 m 的余量段；

⑥ 光栅光纤线型感温火灾探测器的信号处理单元安装位置不应受强光直射，光纤光栅感温段的弯曲半径应大于 0.3 m。

3.3.9 管路采样式吸气感烟火灾探测器的安装应符合下列规定：

① 高灵敏度吸气式感烟火灾探测器当设置为高灵敏度时，可安装在天棚高度大于 16 m 的场所，并应保证至少有两个采样孔低于 16 m；

② 非高灵敏度的吸气式感烟火灾探测器不宜安装在天棚高度大于 16 m 的场所；

③ 采样管应牢固安装在过梁、空间支架等建筑结构上；

④ 在大空间场所安装时，每个采样孔的保护面积、保护半径应满足点型感烟火灾探测器的保护面积、保护半径的要求，当采样管道布置形式为垂直采样时，每 2℃ 温差间隔或 3 m 间隔（取最小者）应设置一个采样孔，采样孔不应背对气流方向；

⑤ 采样孔的直径应根据采样管的长度及敷设方式、采样孔的数量等因素确定,并应满足设计文件和产品使用说明书的要求,采样孔需要现场加工时,应采用专用打孔工具;

⑥ 当采样管道采用毛细管布置方式时,毛细管长度不宜超过 4 m;

⑦ 采样管和采样孔应设置明显的火灾探测器标识。

3.3.10 点型火焰探测器和图像型火灾探测器的安装应符合下列规定:

① 安装位置应保证其视角覆盖探测区域,并应避免光源直接照射在探测器的探测窗口;

② 探测器的探测视角内不应存在遮挡物;

③ 在室外或交通隧道场所安装时,应采取防尘、防水措施。

3.3.11 可燃气体探测器的安装应符合下列规定:

① 安装位置应根据探测气体密度确定,若其密度小于空气密度,探测器应位于可能出现泄漏点的上方或探测气体的最高可能聚集点上方;若其密度大于或等于空气密度,探测器应位于可能出现泄漏点的下方;

② 在探测器周围应适当留出更换和标定的空间;

③ 线型可燃气体探测器在安装时,应使发射器和接收器的窗口避免日光直射,且在发射器与接收器之间不应有遮挡物,发射器和接收器的距离不宜大于 60 m,两组探测器之间的轴线距离不应大于 14 m。

3.3.12 电气火灾监控探测器的安装应符合下列规定：

① 探测器周围应适当留出更换与标定的作业空间；

② 剩余电流式电气火灾监控探测器负载侧的中性线不应与其他回路共用，且不应重复接地；

③ 测温式电气火灾监控探测器应采用产品配套的固定装置固定在保护对象上。

3.3.13 探测器底座的安装应符合下列规定：

① 应安装牢固，与导线连接应可靠压接或焊接，当采用焊接时，不应使用带腐蚀性的助焊剂；

② 连接导线应留有不小于 150 mm 的余量，且在其端部应设置明显的永久性标识；

③ 穿线孔宜封堵，安装完毕的探测器底座应采取保护措施。

3.3.14 探测器报警确认灯应朝向便于人员观察的主要入口方向。

3.3.15 探测器在即将调试时方可安装，在调试前应妥善保管并应采取防尘、防潮、防腐蚀措施。

4.3.4 应对探测器的离线故障报警功能进行检查并记录，探测器的离线故障报警功能应符合下列规定：

① 探测器由火灾报警控制器供电的，应使探测器处于离线状态，探测器不由火灾报警控制器供电的，应使探测器电源线和通信线分别处于断开状态；

② 火灾报警控制器故障报警和信息显示功能应符合本

标准第 4.1.2 条的规定。

4.3.5 应对点型感烟、点型感温、点型一氧化碳火灾探测器的火灾报警功能、复位功能进行检查并记录,探测器的火灾报警功能、复位功能符合下列规定:

① 对可恢复探测器,应采用专用的检测仪器或模拟火灾的方法,使探测器监测区域的烟雾浓度、温度达到探测器的报警设定阈值;对不可恢复的探测器,应采取模拟报警方法使探测器处于火灾报警状态,当有备品时,可抽样检查其报警功能;探测器的火警确认灯应点亮并保持;

② 火灾报警控制器火灾报警和信息显示功能应符合本标准第 4.1.2 条的规定;

③ 应使可恢复探测器监测区域的环境恢复正常,使不可恢复探测器恢复正常,手动操作控制器的复位键后,控制器应处于正常监视状态,探测器的火警确认灯应熄灭。

4.3.6 应对线型光束感烟火灾探测器的火灾报警功能、复位功能进行检查并记录,探测器的火灾报警功能、复位功能符合下列规定:

① 应调整探测器的光路调节装置,使探测器处于正常监视状态;

② 采用减光率为 0.9 dB 的减光片或等效设备遮挡光路,探测器不应发出火灾报警信号;

③ 应采用产品生产企业设定的减光率为 1.0~10.0 dB 的减光片或等效设备遮挡光路,探测器的火警确认灯点亮并

保持,火灾报警控制器火灾报警和信息显示功能应符合本标准第 4.1.2 条的规定;

④ 采用减光率为 11.5 dB 的减光片或等效设备遮挡光路,探测器的火警或故障确认灯应点亮,火灾报警控制器火灾报警、故障报警和信息显示功能应符合本标准第 4.1.2 条的规定;

⑤ 选择反射探测器时,应在探测器正前方 0.5 m 处按本标准第 4.3.6 条第 2 款至第 4 款的规定对探测器的火灾报警功能进行检查;

⑥ 撤除减光片或等效设备遮挡光路,手动操作控制器复位键后,控制器应处于正常监视状态,探测器的火警确认灯熄灭。

4.3.7 应对线型感温火灾探测器的敏感部件故障功能进行检查并记录,探测器的敏感部件故障功能应符合下列规定:

① 应使线型感温火灾探测器的信号处理单元和敏感部件间处于断路状态,探测器信号处理单元的故障指示灯应点亮;

② 火灾报警控制器故障报警和信息显示功能应符合本标准第 4.1.2 条的规定。

4.3.8 应对线型感温火灾探测器的火灾报警功能、复位功能进行检查并记录,探测器的火灾报警功能、复位功能符合下列规定:

① 对可恢复探测器,应采用专用的检测仪器或模拟火灾的方法,使任一段长度为标准长度的敏感部件周围温度达到探测器报警设定阈值;对不可恢复的探测器,应采取模拟报警方法使探测器处于火灾报警状态,当有备品时,可抽样检查其报警功能;探测器的火警确认灯应点亮并保持;

② 火灾报警控制器火灾报警和信息显示功能应符合本标准第 4.1.2 条的规定;

③ 应使可恢复探测器敏感部件周围温度恢复正常,使部分可恢复探测器恢复正常监视状态,手动操作控制器的恢复键后,控制器应处于正常监视状态,探测器的火警确认灯熄灭。

4.3.9 应对标准报警长度小于 1 m 的线型感温火灾探测器的小尺寸高温报警响应功能进行检查并记录,探测器的小尺寸高温报警响应功能应符合下列规定:

① 应在探测器末端采用专用的检测仪器或模拟火灾的方法,使任一段长度为 100 mm 的敏感部件周围温度达到探测器小尺寸高温报警设定阈值,探测器的火警确认灯应点亮并保持;

② 火灾报警控制器火灾报警和信息显示功能应符合本标准第 4.1.2 条的规定;

③ 应使探测器监测区域的环境恢复正常,剪除试验段敏感部件,恢复探测器的正常连接,手动操作控制器的复位键后,控制器应处于正常监视状态,探测器的火警确认灯应

熄灭。

4.3.10 应对管路采样式吸气感烟火灾探测器的采样管路气流故障报警功能进行检查并记录,探测器的采样管路气流故障报警功能应符合下列规定:

① 应根据产品说明书改变探测器的采样管路气流,使探测器处于故障状态,探测器或其控制装置的故障指示灯应点亮;

② 火灾报警控制器故障报警和信息显示功能应符合本标准第 4.1.2 条的规定;

③ 应恢复探测器的正常采样管路气流,使探测器和控制器处于正常监视状态。

4.3.11 应对管路采样式吸气感烟火灾探测器的火灾报警功能、复位功能进行检查并记录,探测器的火灾报警功能、复位功能符合下列规定:

① 应在采样管最末端采样孔加入试验烟,使监测区域的烟雾浓度达到探测器报警设定阈值,探测器或者其控制装置的火警确认灯应在 120 s 内点亮并保持;

② 火灾报警控制器火灾报警和信息显示功能应符合本标准第 4.1.2 条的规定;

③ 应使探测器监测区域的环境恢复正常,手动操作控制器的复位键后,控制器应处于正常监视状态,探测器或其控制装置的火警确认灯应熄灭。

4.3.12 应对点型火焰探测器和图像型火灾探测器的火

灾报警功能、复位功能进行检查并记录,探测器的火灾报警功能、复位功能符合下列规定:

① 在探测器监测区域内最不利处应采用专用检测仪器或者模拟火灾的方法,向探测器释放试验光波,探测器的火警确认灯应在30 s内点亮并保持;

② 火灾报警控制器火灾报警和信息显示功能应符合本标准第4.1.2条的规定;

③ 应使探测器监测区域的环境恢复正常,手动操作控制器的复位键后,控制器应处于正常监视状态,探测器的火警确认灯应熄灭。

《火灾自动报警系统设计规范》GB 50116-2013

3.1.6　系统总线上应设置总线短路隔离器,每只总线短路隔离器保护的火灾探测器、手动火灾报警按钮和模块等消防设备的总数不应超过32点;总线穿越防火分区时,应在穿越处设置总线短路隔离器。

5.1　一般规定

5.1.1　火灾探测器的选择应符合下列规定:

① 对火灾初期有阴燃阶段,产生大量的烟和少量的热,很少或没有火焰辐射的场所,应选择感烟火灾探测器;

② 对火灾发展迅速,可产生大量热、烟和火焰辐射的场所,可选择感温火灾探测器、感烟火灾探测器、火焰探测器或其组合;

③ 对火灾发展迅速,有强烈的火焰辐射和少量烟、热的

场所,应选择火焰探测器;

④ 对火灾初期有阴燃阶段,且需要早期探测的场所,宜增设一氧化碳火灾探测器;

⑤ 对使用、生产可燃气体或可燃蒸气的场所,应选择可燃气体探测器;

⑥ 应根据保护场所可能发生火灾的部位和燃烧材料的分析,以及火灾探测器的类型、灵敏度和响应时间等选择相应的火灾探测器,对火灾形成特征不可预料的场所,可根据模拟试验的结果选择火灾探测器;

⑦ 同一探测区域内设置多个火灾探测器时,可选择具有复合判断火灾功能的火灾探测器和火灾报警控制器。

5.2　点型火灾探测器的选择

5.2.1　对不同高度的房间,可按表 5.2.1 选择点型火灾探测器。

表 5.2.1　对不同高度的房间,点型火灾探测器的选择

房间高度 h(m)	点型感烟火灾探测器	点型感温火灾探测器			火焰探测器
		A1、A2	B	C,D,E, F,G	
12＜h≤20	不合适	不合适	不合适	不合适	合适
8＜h≤12	合适	不合适	不合适	不合适	合适
6＜h≤8	合适	合适	不合适	不合适	合适

(续表)

房间高度 h(m)	点型感烟 火灾探测 器	点型感温火灾探测器			火焰 探测器
		A1、A2	B	C、D、E、 F、G	
4<h≤6	合适	合适	合适	不合适	合适
h≤4	合适	合适	合适	合适	合适

注:表中 A1、A2、B、C、D、E、F、G 为点型感温探测器的不同类别,其具体参数应
  符合本规范附录 C 的规定。

5.2.2 下列场所宜选择点型感烟火灾探测器:

① 饭店、旅馆、教学楼、办公楼的厅堂、卧室、办公室、商场、列车载客车厢等;

② 计算机房、通信机房、电影或电视放映室等;

③ 楼梯、走道、电梯机房、车库等;

④ 书库、档案库等。

5.2.3 符合下列条件之一的场所,不宜选择点型离子感烟火灾探测器:

① 相对湿度经常大于 95%;

② 气流速度大于 5 m/s;

③ 有大量粉尘、水雾滞留;

④ 可能产生腐蚀性气体;

⑤ 在正常情况下有烟滞留;

⑥ 产生醇类、醚类、酮类等有机物质。

5.2.4 符合下列条件之一的场所,不宜选择点型光电感

烟火灾探测器：

　　① 有大量粉尘、水雾滞留；

　　② 可能产生蒸气和油雾；

　　③ 高海拔地区；

　　④ 在正常情况下有烟滞留。

5.2.5　符合下列条件之一的场所，宜选择点型感温火灾探测器，且应根据使用场所的典型应用温度和最高应用温度选择适当类别的感温火灾探测器：

　　① 相对湿度经常大于95%；

　　② 可能发生无烟火灾；

　　③ 有大量粉尘；

　　④ 吸烟室等在正常情况下有烟或蒸气滞留的场所；

　　⑤ 厨房、锅炉房、发电机房、烘干车间等不宜安装感烟火灾探测器的场所；

　　⑥ 需要联动熄灭"安全出口"标志灯的安全出口内侧；

　　⑦ 其他无人滞留且不适合安装感烟火灾探测器，但发生火灾时需要及时报警的场所。

5.2.6　可能产生阴燃火或发生火灾不及时报警将造成重大损失的场所，不宜选择点型感温火灾探测器；温度在0℃以下的场所，不宜选择定温探测器；温度变化较大的场所，不宜选择具有差温特性的探测器。

5.2.7　符合下列条件之一的场所，宜选择点型火焰探测器或图像型火焰探测器：

① 火灾时有强烈的火焰辐射;

② 可能发生液体燃烧等无阴燃阶段的火灾;

③ 需要对火焰做出快速反应。

5.2.8 符合下列条件之一的场所,不宜选择点型火焰探测器和图像型火焰探测器:

① 在火焰出现前有浓烟扩散;

② 探测器的镜头易被污染;

③ 探测器的"视线"易被油雾、烟雾、水雾和冰雪遮挡;

④ 探测区域内的可燃物是金属和无机物;

⑤ 探测器易受阳光、白炽灯等光源直接或间接照射。

5.2.9 探测区域内正常情况下有高温物体的场所,不宜选择单波段红外火焰探测器。

5.2.10 正常情况下有明火作业,探测器易受 X 射线、弧光和闪电等影响的场所,不宜选择紫外火焰探测器。

5.2.11 下列场所宜选择可燃气体探测器:

① 使用可燃气体的场所;

② 燃气站和燃气表房以及存储液化石油气罐的场所;

③ 其他散发可燃气体和可燃蒸气的场所。

5.2.12 在火灾初期产生一氧化碳的下列场所可选择点型一氧化碳火灾探测器:

① 烟不容易对流或顶棚下方有热屏障的场所;

② 在棚顶上无法安装其他点型火灾探测器的场所;

③ 需要多信号复合报警的场所。

5.2.13 污物较多且必须安装感烟火灾探测器的场所，应选择间断吸气的点型采样吸气式感烟火灾探测器或具有过滤网和管路自清洗功能的管路采样吸气式感烟火灾探测器。

5.3 线型火灾探测器的选择

5.3.1 无遮挡的大空间或有特殊要求的房间，宜选择线型光束感烟火灾探测器。

5.3.2 符合下列条件之一的场所，不宜选择线型光束感烟火灾探测器：

① 有大量粉尘、水雾滞留；

② 可能产生蒸气和油雾；

③ 在正常情况下有烟滞留；

④ 固定探测器的建筑结构由于振动等原因会产生较大位移的场所。

5.3.3 下列场所或部位，宜选择缆式线型感温火灾探测器：

① 电缆隧道、电缆竖井、电缆夹层、电缆桥架；

② 不易安装点型探测器的夹层、闷顶；

③ 各种皮带输送装置；

④ 其他环境恶劣不适合点型探测器安装的场所。

5.3.4 下列场所或部位，宜选择线型光纤感温火灾探测器：

① 除液化石油气外的石油储罐；

② 需要设置线型感温火灾探测器的易燃易爆场所；

③ 需要监测环境温度的地下空间等场所宜设置具有实时温度监测功能的线型光纤感温火灾探测器；

④ 公路隧道、敷设动力电缆的铁路隧道和城市地铁隧道等。

5.3.5 线型定温火灾探测器的选择，应保证其不动作温度符合设置场所的最高环境温度的要求。

5.4 吸气式感烟火灾探测器的选择

5.4.1 下列场所宜选择吸气式感烟火灾探测器：

① 具有高速气流的场所；

② 点型感烟、感温火灾探测器不适宜的大空间、舞台上方、建筑高度超过 12 m 或有特殊要求的场所；

③ 低温场所；

④ 需要进行隐蔽探测的场所；

⑤ 需要进行火灾早期探测的重要场所；

⑥ 人员不宜进入的场所。

5.4.2 灰尘比较大的场所，不应选择没有过滤网和管路自清洗功能的管路采样式吸气感烟火灾探测器。

14.3 消防通讯

测试消防电话通话功能；查看消防电话设置位置、核对数量;测试外线电话;抽查消防电话,并核对其证明文件。

验收依据 消防设计文件;《火灾自动报警系统施工及验收标准》GB 50166-2019 第 4.6.1—4.6.3 条;《火灾自动报警系统施工及验收标准》GB 50166-2019 第 3.3.18 条。

主要内容

《火灾自动报警系统施工及验收标准》GB 50166-2019

3.3.18 消防电话分机和电话插孔的安装应符合下列规定:

① 宜安装在明显、便于操作的位置,采用壁挂方式安装时,其底边距地(楼)面的高度宜为 1.3～1.5 m;

② 避难层中,消防专用电话分机或电话插孔的安装间距不应大于 20 m;

③ 应设置明显的永久性标识;

④ 电话插孔不应设置在消火栓箱内。

4.6.1 应接通电源,使消防电话总机处于正常工作状态,对消防电话总机下列主要功能进行检查并记录,电话总机的功能应符合现行国家标准《消防联动控制系统》GB 16806 的规定:

① 自检功能;

② 故障报警功能;

③ 消音功能;

④ 电话分机呼叫电话总机功能;

⑤ 电话总机呼叫电话分机功能。

4.6.2 应对消防电话分机进行下列主要功能检查并记录,电话分机的功能应符合现行国家标准《消防联动控制系统》GB 16806 的规定:

　　① 呼叫电话总机功能;

　　② 接受电话总机呼叫功能。

4.6.3 应对消防电话插孔的通话功能进行检查并记录,电话插孔的通话功能应符合现行国家标准《消防联动控制系统》GB 16806 的规定。

《火灾自动报警系统设计规范》GB 50116-2013

6.7.5 消防控制室、消防值班室或企业消防站等处,应设置可直接报警的外线电话。

14.4　布线

查看其线缆选型、敷设方式及相关防火保护措施。

验收依据　《火灾自动报警系统施工及验收标准》GB 50166-2019 第 3.2.1—3.2.16 条,选型、敷设方式核对消防设计文件。

主要内容

《火灾自动报警系统施工及验收标准》GB 50166-2019

3.2.1 各类管路明敷时,应采用单独的卡具吊装或支撑物固定,吊杆直径不应小 6 mm。

3.2.2 各类管路暗敷时,应敷设在不燃结构内,且保护层厚度不应小于 30 mm。

3.2.3　管路经过建筑物的沉降缝、伸缩缝、抗震缝等变形缝处,应采取补偿措施,线缆跨越变形缝的两侧应固定,并应留有适当余量。

3.2.4　敷设在多尘或潮湿场所管路的管口和管路连接处,均应做密封处理。

3.2.5　符合下列条件时,管路应在便于接线处装设接线盒:

① 管路长度每超过 30 m 且无弯曲时;

② 管路长度每超过 20 m 且有 1 个弯曲时;

③ 管路长度每超过 10 m 且有 2 个弯曲时;

④ 管路长度每超过 8 m 且有 3 个弯曲时。

3.2.6　金属管路入盒外侧应套锁母,内侧应装护口,在吊顶内敷设时,盒的内外侧均应套锁母。塑料管入盒应采取相应固定措施。

3.2.7　槽盒敷设时,应在下列部位设置吊点或支点,吊杆直径不应小于 6 mm:

① 槽盒始端、终端及接头处;

② 槽盒转角或分支处;

③ 直线段不大于 3 m 处。

3.2.8　槽盒接口应平直、严密,槽盖应齐全、平整、无翘角;并列安装时,槽盖应便于开启。

3.2.9　导线的种类、电压等级应符合设计文件和现行国家标准《火灾自动报警系统设计规范》GB 50116 的规定。

3.2.10 同一工程中的导线,应根据不同用途选择不同颜色加以区分,相同用途的导线颜色应一致。电源线正极应为红色,负极应为蓝色或黑色。

3.2.11 在管内或槽盒内的布线,应在建筑抹灰及地面工程结束后进行,管内或槽盒内不应有积水及杂物。

3.2.12 系统应单独布线,除设计要求以外,系统不同回路、不同电压等级和交流与直流的线路,不应布在同一管内或槽盒的同一槽孔内。

3.2.13 线缆在管内或槽盒内不应有接头或扭结,导线应在接线盒内采用焊接、压接、接线端子可靠连接。

3.2.14 从接线盒、槽盒等处引到探测器底座、控制设备、扬声器的线路,当采用可弯曲金属电气导管保护时,其长度不应大于 2 m。可弯曲金属电气导管应入盒,盒外侧应套锁母,内侧应装护口。

3.2.15 系统的布线除应符合本标准上述规定外,还应符合现行国家标准《建筑电气工程施工质量验收规范》GB 50303 的相关规定。

3.2.16 系统导线敷设结束后,应用 500 V 兆欧表测量每个回路导线对地的绝缘电阻,且绝缘电阻值不应小于 20 MΩ。

14.5　应急广播及警报装置

功能实验;查看设置位置、核对同区域数量;抽查消防应急广播设备、火灾警报装置,并核对其证明文件。

验收依据　《火灾自动报警系统施工及验收标准》GB 50166-2019 第 4.12 节、第 2.2.1—2.2.5 条,消防设计文件。

主要内容

Ⅰ 火灾警报器调试

4.12.1　应对火灾声警报器的火灾声警报功能进行检查并记录,警报器的火灾声警报功能应符合下列规定:

① 应操作控制器使火灾声警报器启动;

② 在警报器生产企业声称的最大设置间距、距地面 1.5~1.6 m 处,声警报的 A 计权声压级应大于 60 dB,环境噪声大于 60 dB 时,声警报的 A 计权声压级应高于背景噪声 15 dB;

③ 带有语音提示功能的声警报应能清晰播报语音信息。

4.12.2　应对火灾光警报器的火灾光警报功能进行检查并记录,警报器的火灾光警报功能应符合下列规定:

① 应操作控制器使火灾光警报器启动;

② 在正常环境光线下,警报器的光信号在警报器生产企业声称的最大设置间距处应清晰可见。

4.12.3　应对火灾声光警报器的火灾声警报、光警报功能分别进行检查并记录,警报器的火灾声警报、光警报功能应分别符合本标准第 4.12.1 条和第 4.12.2 条的规定。

Ⅱ消防应急广播控制设备调试

4.12.4 应将各广播回路的扬声器与消防应急广播控制设备相连接,接通电源,使广播控制设备处于正常工作状态,对广播控制设备下列主要功能进行检查并记录,广播控制设备的功能应符合现行国家标准《消防联动控制系统》GB 16806 的规定:

① 自检功能;

② 主、备电源的自动转换功能;

③ 故障报警功能;

④ 消音功能;

⑤ 应急广播启动功能;

⑥ 现场语言播报功能;

⑦ 应急广播停止功能。

Ⅲ扬声器调试

4.12.5 应对扬声器的广播功能进行检查并记录,扬声器的广播功能应符合下列规定:

① 应操作消防应急广播控制设备使扬声器播放应急广播信息;

② 语音信息应清晰;

③ 在扬声器生产企业声称的最大设置间距、距地面 1.5~1.6 m 处,应急广播的 A 计权声压级应大于 60 dB,环境

噪声大于 60 dB 时,应急广播的 A 计权声压级应高于背景噪声 15 dB。

Ⅳ 火灾警报、消防应急广播控制调试

4.12.6 应将广播控制设备与消防联动控制器相连接,使消防联动控制器处于自动状态,根据系统联动控制逻辑设计文件的规定,对火灾警报和消防应急广播系统的联动控制功能进行检查并记录,火灾警报和消防应急广播系统的联动控制功能应符合下列规定。

① 应使报警区域内符合联动控制触发条件的两只火灾探测器,或一只火灾探测器和一只手动火灾报警按钮发出火灾报警信号。

② 消防联动控制器应发出火灾警报装置和应急广播控制装置动作的启动信号,点亮启动指示灯。

③ 消防应急广播系统与普通广播或背景音乐广播系统合用时,消防应急广播控制装置应停止正常广播。

④ 报警区域内所有的火灾声光警报器和扬声器应按下列规定交替工作:

● 报警区域内所有的火灾声光警报器应同时启动,持续工作 8～20 s 后,所有的火灾声光警报器应同时停止警报;

● 警报停止后,所有的扬声器应同时进行 1～2 次消防应急广播,每次广播 10～30 s 后,所有的扬声器应停止播放广播信息。

⑤ 消防控制器图形显示装置应显示火灾报警控制器的

火灾报警信号、消防联动控制器的启动信号,且显示的信息应与控制器的显示一致。

4.12.7 联动控制功能检查过程应在报警区域内所有的火灾声光警报器或扬声器持续工作时,对系统的手动插入操作优先功能进行检查并记录,系统的手动插入操作优先功能应符合下列规定:

① 应手动操作消防联动控制器总线控制盘上火灾警报或消防应急广播停止控制按钮、按键,报警区域内所有的火灾声光警报器或扬声器应停止正在进行的警报或应急广播;

② 应手动操作消防联动控制器总线控制盘上火灾警报或消防应急广播启动控制按钮、按键,报警区域内所有的火灾声光警报器或扬声器应恢复警报或应急广播。

2.2.1 材料、设备及配件进入施工现场应具有清单、使用说明书、质量合格证明文件、国家法定质检机构的检验报告等文件,火灾自动报警系统中的强制认证产品还应有认证证书和认证标识。

2.2.2 系统中国家强制认证产品的名称、型号、规格应与认证证书和检验报告一致。

2.2.3 系统中非国家强制认证的产品名称、型号、规格应与检验报告一致,检验报告中未包括的配接产品接入系统时,应提供系统组件兼容性检验报告。

2.2.4 系统设备及配件的规格、型号应符合设计文件的规定。

2.2.5　系统设备及配件表面应无明显划痕、毛刺等机械损伤,紧固部位应无松动。

14.6　火灾报警控制器、联动设备及消防控制室图形显示装置

查看设备选型、规格,查看设备布置,查看设备的打印、显示、声报警、光报警功能;查看对相关设备联动控制功能,消防电源及主、备切换,消防电源监控器的安装;抽查消防联动控制器、火灾报警控制器、消防控制室图形显示装置、火灾显示盘、消防电气控制装置、消防电动装置、消防设备应急电源等,并核对其证明文件。

验收依据　《火灾自动报警系统施工及验收标准》GB 50166-2019 第 3.3.1—3.3.5 条、第 4.1.2、4.1.4、4.3.2、4.5.2条、第 4.1.3、4.3.3、4.5.3 条、第 4.3.2 条、第 2.2.1—2.2.5 条,《消防控制室通用技术要求》GB 25506-2010 第 5.7 节。

主要内容

《火灾自动报警系统施工及验收标准》GB 50166-2019

3.3.1　火灾报警控制器、消防联动控制器、火灾显示盘、控制中心监控设备、家用火灾报警控制器、消防电话总机、可燃气体报警控制器、电气火灾监控设备、防火门监控器、消防设备电源监控器、消防控制室图像显示装置、传输设备、消防应急广播控制装置等控制与显示类设备的安装应符合下列

规定:

①应安装牢固,不应倾斜;

②安装在轻质墙上时,应采取加固措施;

③落地安装时,其底边宜高出地(楼)面 100～200 mm。

3.3.2 控制与显示类设备的引入线缆应符合下列规定:

①配线应整齐,不宜交叉,并应固定牢靠;

②线缆芯线的端部均应标明编号,并应与设计文件一致,字迹应清晰且不易退色;

③端子板的每个接线端接线不应超过两根;

④线缆应留有不小于 200 mm 的余量;

⑤线缆应绑扎成束;

⑥线缆穿管、槽盒后,应将管口、槽口封堵。

3.3.3 控制与显示类设备应与消防电源、备用电源直接连接,不应使用电源插头;主电源应设置明显的永久性标识。

3.3.4 控制与显示类设备的蓄电池需进行现场安装时,应核对蓄电池的规格、型号、容量,并应符合设计文件的规定,蓄电池的安装应满足产品说明书的要求。

3.3.5 控制与显示类设备的接地应牢固,并应设置明显的永久性标识。

4.1.2 火灾报警控制器、可燃气体报警控制器、电气火灾监控设备、消防设备电源监控器等控制类设备的报警和显示功能,应符合下列规定:

①火灾探测器、可燃气体探测器、电气火灾监控探测器

等探测器发出报警信号或处于故障状态时,控制类设备应发出声、光报警信号,记录报警时间;

②　控制器应显示发出报警信号部件或故障报警的类型和地址注释信息,且显示的地址注释信息应符合本标准第4.2.2条的规定。

4.1.4　消防控制室图形显示装置的消防设备运行状态显示功能应符合下列规定:

①　消防控制室图形显示装置应接收并显示火灾报警控制器发送的火灾报警信息、故障信息、隔离信息、屏蔽信息和监管信息;

②　消防控制室图形显示装置应接收并显示消防联动控制器发送的联动控制信息、受控设备的动作反馈信息;

③　消防控制室图形显示装置显示的信息应与控制器的显示信息一致。

4.3.2　应对火灾报警控制器下列主要功能进行检查并记录,控制器的功能应符合现行国家标准《火灾报警控制器》GB 4717 的规定:

①　自检功能;

②　操作级别;

③　屏蔽功能;

④　主、备电源的自动转换功能;

⑤　故障报警功能;

⑥　短路隔离保护功能;

⑦ 火灾优先功能;

⑧ 消音功能;

⑨ 二次报警功能;

⑩ 负载功能;

⑪ 复位功能。

4.5.2 应对消防联动控制器下列主要功能进行检查并记录,控制器的功能应符合现行国家标准《消防联动控制系统》GB 16806 的规定:

① 自检功能;

② 操作级别;

③ 屏蔽功能;

④ 主、备电源的自动转换功能;

⑤ 故障报警功能;

⑥ 总线隔离器的隔离保护功能;

⑦ 消音功能;

⑧ 控制器的负载功能;

⑨ 复位功能。

4.1.3 消防联动控制器的联动启动和显示功能应符合下列规定:

① 消防联动控制器接收到满足联动触发条件的报警信号后,应在 3 s 内发出控制相应受控设备动作的启动信号,点亮启动指示灯,记录启动时间;

② 消防联动控制器应接收并显示受控部件的动作反馈

信息,显示部件的类型和地址注释信息,且显示的地址注释信息应符合本标准第 4.2.2 条规定。

4.3.3 火灾报警控制器应依次与其他回路相连接,使控制器处于正常监视状态,在备电工作状态下,按本标准第 4.3.2条第 5 款第 2 项、第 6 款、第 10 款、第 11 款的规定对火灾报警控制器进行功能检查并记录,控制器的功能应符合现行国家标准《火灾报警控制器》GB 4717 的规定。

4.5.3 应依次将其他备调回路的输入/输出模块与消防联动控制器连接、模块与受控设备连接,切断所有受控现场设备的控制连线,使控制器处于正常监视状态,在备电工作状态下,按本标准第 4.5.2 条第 5 款第 2 项、第 6 款、第 8 款、第 9 款的规定对控制器进行功能检查并记录,控制器的功能应符合现行国家标准《消防联动控制系统》GB 16806 的规定。

4.3.2 应对火灾报警控制器下列主要功能进行检查并记录,控制器的功能应符合现行国家标准《火灾报警控制器》GB 4717 的规定:

① 自检功能;

② 操作级别;

③ 屏蔽功能;

④ 主、备电源的自动转换功能;

⑤ 故障报警功能;

⑥ 短路隔离保护功能;

⑦ 火灾优先功能;

⑧ 消音功能;

⑨ 二次报警功能;

⑩ 负载功能;

⑪ 复位功能。

2.2.1 材料、设备及配件进入施工现场应具有清单、使用说明书、质量合格证明文件、国家法定质检机构的检验报告等文件,火灾自动报警系统中的强制认证产品还应有认证证书和认证标识。

2.2.2 系统中国家强制认证的产品、型号、规格应与认证证书和检验报告一致。

2.2.3 系统中非国家强制认证的产品、型号、规格应与检验报告一致,检验报告中未包括的配接产品接入系统时,应提供系统组件兼容性检验报告。

2.2.4 系统设备及配件的规格、型号应符合设计文件的规定。

2.2.5 系统设备及配件表面应无明显划痕、毛刺等机械损伤,紧固部位应无松动。

《消防控制室通用技术要求》GB 25506-2010

5.7 消防电源监控器:

① 应能显示消防用电设备的供电电源和备用电源的工作状态和故障报警信息;

② 应能将消防用电设备的供电电源和备用电源的工作状态和欠压报警信息传输给消防控制室图形显示装置。

14.7　系统功能

故障报警;探测器报警、手动报警;测试设备联动控制功能。

验收依据　《火灾自动报警系统施工及验收标准》GB 50166-2019 第 4.1.2、4.3.4、4.3.7、4.3.10、4.3.13、4.3.16、4.5.5、4.5.6、4.7.5、4.9.4 条,第 4.3.5—4.3.14 条,显示位置准确,有声、光报警并打印,第 4.21.1、4.21.2 条。

主要内容

4.1.2　火灾报警控制器、可燃气体报警控制器、电气火灾监控设备、消防设备电源监控器等控制类设备的报警和显示功能,应符合下列规定:

①　火灾探测器、可燃气体探测器、电气火灾监控探测器等探测器发出报警信号或处于故障状态时,控制器类设备应发出声、光报警信号,记录报警时间;

②　控制器应显示发出报警信号部件或故障部件的类型和地址注释信息,且显示的地址注释信息应符合本标准第 4.2.2 条的规定。

4.3.4　应对探测器的离线故障报警功能进行检查并记录,探测器的离线故障报警功能应符合下列规定:

①　探测器由火灾报警控制器供电的,应使探测器处于离线状态,探测器不由火灾报警控制器供电的,应使探测器电

源线和通信线分别处于断开状态；

② 火灾报警控制器的故障报警和信息显示功能应符合本标准第4.1.2条的规定。

4.3.7 应对线型感温火灾探测器的敏感部件故障功能进行检查并记录，探测器的敏感部件故障功能应符合下列规定：

① 应使线型感温火灾探测器的信号处理单元和敏感部件处于断路状态，探测器信号处理单元的故障指示灯应点亮；

② 火灾报警控制器的故障报警和信息显示功能应符合本标准第4.1.2条的规定。

4.3.10 应对管路采样式吸气感烟火灾探测器的采样管路气流故障报警功能进行检查并记录，探测器的采样管路气流故障报警功能应符合下列规定：

① 应根据产品说明书改变探测器的采样管路气流，使探测器处于故障状态，探测器或其控制装置的故障指示灯应点亮；

② 火灾报警控制器的故障报警和信息显示功能应符合本标准第4.1.2条的规定；

③ 应恢复探测器的正常采样管路气流，使探测器和控制器处于正常监视状态。

4.3.13 应对手动报警按钮的离线故障报警功能进行检查并记录，手动火灾报警按钮的离线故障报警功能应符合下列规定：

① 应使手动火灾报警按钮处于离线状态；

② 火灾报警控制器的故障报警和信息显示功能应符合本标准第 4.1.2 条的规定。

4.3.16 应对火灾显示盘的电源故障报警功能进行检查并记录，火灾显示盘的电源故障报警功能应符合下列规定：

① 应使火灾显示盘的主电源处于故障状态；

② 火灾报警控制器的故障报警和信息显示功能应符合本标准第 4.1.2 条的规定。

4.5.5 应对模块的离线故障报警功能进行检查并记录，模块的离线故障报警功能应符合下列规定：

① 应使模块与消防联动控制器的通信总线处于离线状态，消防联动控制器应发出故障声、光信号；

② 消防联动控制器应显示故障部件的类型和地址注释信息，且控制器显示的地址注释信息应符合本标准第4.2.2条的规定。

4.5.6 应对模块的连接部件断线故障报警功能进行检查并记录，模块的连接部件断线故障报警功能应符合下列规定：

① 应使模块与连接部件之间的连接线断路，消防联动控制器应发出故障声、光信号；

② 消防联动控制器应显示故障部件的类型和地址注释信息，且控制器显示的地址注释信息应符合本标准第4.2.2条

的规定。

4.7.5 应对线型可燃气体探测器的遮挡故障报警功能进行检查并记录,探测器的遮挡故障报警功能应符合下列规定:

① 应将线型可燃气体探测器发射器发出的光全部遮挡,探测器或其控制装置的故障指示灯应在100 s内点亮;

② 控制器的故障报警和信息显示功能应符合本标准第4.1.2条的规定。

4.9.4 应对传感器的消防设备电源故障报警功能进行检查并记录,传感器的消防设备电源故障报警功能应符合下列规定:

① 应切断被监控消防设备的供电电源;

② 监控器的消防设备电源故障报警和信息显示功能应符合本标准第4.1.2条的规定。

4.3.5 应对点型感烟、点型感温、点型一氧化碳火灾探测器的火灾报警功能、复位功能进行检查并记录,探测器的火灾报警功能、复位功能应符合下列规定:

① 对可恢复探测器,应采用专用的检测仪器或模拟火灾的方法,使探测器监测区域的烟雾浓度、温度、气体浓度达到探测器的报警设定阈值;对不可恢复的探测器,应采取模拟报警方法使探测器处于火灾报警状态;当有备品时,可抽样检查其报警功能;探测器的火警确认灯应点亮并保持;

② 火灾报警控制器火灾报警和信息显示功能应符合本

标准第 4.1.2 条的规定;

③ 应使可恢复探测器监测区域的环境恢复正常,使不可恢复探测器恢复正常,手动操作控制器的复位键后,控制器应处于正常监视状态,探测器的火警确认灯应熄灭。

4.3.6 应对线型光束感烟火灾探测器的火灾报警功能、复位功能进行检查并记录,探测器的火灾报警功能、复位功能应符合下列规定:

① 应调整探测器的光路调节装置,使探测器处于正常监视状态;

② 应采用减光率为 0.9 dB 的减光片或等效设备遮挡光路,探测器不应发出火灾报警信号;

③ 应采用产品生产企业设定的减光率为 1.0~10.0 dB 的减光片或等效设备遮挡光路,探测器的火警确认灯应点亮并保持,火灾报警控制器的火灾报警和信息显示功能应符合本标准第 4.1.2 条的规定;

④ 应采用减光率为 11.5 dB 的减光片或等效设备遮挡光路,探测器的火警或故障确认灯应点亮,火灾报警控制器的火灾报警、故障报警和信息显示功能应符合本标准第4.1.2条的规定;

⑤ 选择反射式探测器时,应在探测器正前方 0.5 m 处按本标准第 4.3.6 条第 2 款至第 4 款的规定对探测器的火灾报警功能进行检查;

⑥ 应撤除减光片或等效设备,手动操作控制器的复位键

后,控制器应处于正常监视状态,探测器的火警确认灯应熄灭。

4.3.7 应对线型感温火灾探测器的敏感部件故障功能进行检查并记录,探测器的敏感部件故障功能应符合下列规定:

① 应使线型感温火灾探测器的信号处理单元和敏感部件间处于断路状态,探测器信号处理单元的故障指示灯应点亮;

② 火灾报警控制器的故障报警和信息显示功能应符合本标准第4.1.2条的规定。

4.3.8 应对线型感温火灾探测器的火灾报警功能、复位功能进行检查并记录,探测器的火灾报警功能、复位功能应符合下列规定:

① 对可恢复探测器,应采用专用的检测仪器或模拟火灾的方法,使以任一段长度为标准报警长度的敏感部件周围温度达到探测器报警设定阈值;对不可恢复的探测器,应采取模拟报警方法使探测器处于火灾报警状态,当有备品时,可抽样检查其报警功能;探测器的火警确认灯应点亮并保持;

② 火灾报警控制器的火灾报警和信息显示功能应符合本标准第4.1.2条的规定;

③ 应使可恢复探测器敏感部件周围的温度恢复正常,使不可恢复探测器恢复正常监视状态,手动操作控制器的复位键后,控制器应处于正常监视状态,探测器的火警确认灯应

熄灭。

4.3.9 应对标准报警长度小于 1 m 的线型感温火灾探测器的小尺寸高温报警响应功能进行检查并记录,探测器的小尺寸高温报警响应功能应符合下列规定:

① 应在探测器末端采用专用的检测仪器或模拟火灾的方法,使任一段长度为 100 mm 的敏感部件周围温度达到探测器小尺寸高温报警设定阈值,探测器的火警确认灯应点亮并保持;

② 火灾报警控制器的火灾报警和信息显示功能应符合本标准第 4.1.2 条的规定;

③ 应使探测器监测区域的环境恢复正常,剪除试验段敏感部件,恢复探测器的正常连接,手动操作控制器的复位键后,控制器应处于正常监视状态,探测器的火警确认灯应熄灭。

4.3.10 应对管路采样式吸气感烟火灾探测器的采样管路气流故障报警功能进行检查并记录,探测器的采样管路气流故障报警功能应符合下列规定:

① 应根据产品说明书改变探测器的采样管路气流,使探测器处于故障状态,探测器或其控制装置的故障指示灯应点亮;

② 火灾报警控制器的故障报警和信息显示功能应符合本标准第 4.1.2 条的规定;

③ 应恢复探测器的正常采样管路气流,使探测器和控制

器处于正常监视状态。

4.3.11 应对管路采样式吸气感烟火灾探测器的火灾报警功能、复位功能进行检查并记录,探测器的火灾报警功能、复位功能应符合下列规定:

① 应在采样管最末端采样孔加入试验烟,使监测区域的烟雾浓度达到探测器报警设定阈值,探测器或其控制装置的火警确认灯应在 120 s 内点亮并保持;

② 火灾报警控制器的火灾报警和信息显示功能应符合本标准第 4.1.2 条的规定;

③ 应使探测器监测区域的环境恢复正常,手动操作控制器的复位键后,控制器应处于正常监视状态,探测器或其控制装置的火警确认灯应熄灭。

4.3.12 应对点型火焰探测器和图像型火灾探测器的火灾报警功能、复位功能进行检查并记录,探测器的火灾报警功能、复位功能应符合下列规定:

① 在探测器监视区域内最不利处应采用专用检测仪器或模拟火灾的方法,向探测器释放试验光波,探测器的火警确认灯应在 30 s 点亮并保持;

② 火灾报警控制器的火灾报警和信息显示功能应符合本标准第 4.1.2 条的规定;

③ 应使探测器监测区域的环境恢复正常,手动操作控制器的复位键后,控制器应处于正常监视状态,探测器的火警确认灯应熄灭。

4.3.13 应对手动火灾报警按钮的离线故障报警功能进行检查并记录,手动火灾报警按钮的离线故障报警功能应符合下列规定:

① 应使手动火灾报警按钮处于离线状态;

② 火灾报警控制器的故障报警和信息显示功能应符合本标准第 4.1.2 条的规定。

4.3.14 应对手动火灾报警按钮的火灾报警功能进行检查并记录,报警按钮的火灾报警功能应符合下列规定:

① 使报警按钮动作后,报警按钮的火灾确认灯应点亮并保持;

② 火灾报警控制器的火灾报警和信息显示功能应符合本标准第 4.1.2 条的规定;

③ 应使报警按钮恢复正常,手动操作控制器的复位键后,控制器应处于正常监视状态,报警按钮的火警确认灯应熄灭。

4.21.1 应按设计文件的规定将所有分部调试合格的系统部件、受控设备或系统相连接并通电运行,在连续运行120 h 无故障后,使消防联动控制器处于自动控制工作状态。

4.21.2 应根据系统联动控制逻辑设计文件的规定,对火灾警报、消防应急广播系统、用于防火分隔的防火卷帘系统、防火门监控系统、防烟排烟系统、消防应急照明和疏散指示系统、电梯和非消防电源等自动消防系统的整体联动控制功能进行检查并记录,系统整体联动控制功能应符合下列

规定:

① 应使报警区域内符合火灾警报、消防应急广播系统,防火卷帘系统,防火门监控系统,防烟排烟系统,消防应急照明和疏散指示系统,电梯和非消防电源等相关系统联动触发条件的火灾探测器、手动火灾报警按钮发出火灾报警信号;

② 消防联动控制器应发出控制火灾警报、消防应急广播系统,防火卷帘系统,防火门监控系统,防烟排烟系统,消防应急照明和疏散指示系统,电梯和非消防电源等相关系统动作的启动信号,点亮启动指示灯。

14.8 电气火灾监控系统

电气火灾监控系统的设置;抽查电气火灾监控探测器、电气火灾监控设备,并核对其证明文件。

验收依据 消防设计文件;《火灾自动报警系统施工及验收标准》GB 50166-2019 第 2.2.1—2.2.5 条。

主要内容

2.2.1 材料、设备及配件进入施工现场应具有清单、使用说明书、质量合格证明文件、国家法定质检机构的检验报告等文件,火灾自动报警系统中的强制认证产品还应有认证证书和认证标识。

2.2.2 系统中国家强制认证产品的名称、型号、规格应与认证证书和检验报告一致。

2.2.3 系统中非国家强制认证的产品名称、型号、规格应与检验报告一致,检验报告中未包括的配接产品接入系统时,应提供系统组件兼容性检验报告。

2.2.4 系统设备及配件的规格、型号应符合设计文件的规定。

2.2.5 系统设备及配件表面应无明显划痕、毛刺等机械损伤,紧固部位应无松动。

15 防烟排烟系统及通风、空调系统防火

15.1 系统设置

查看系统的设置形式。

验收依据 消防设计文件。

15.2 自然排烟

查看设置位置；查看外窗开启方式；测量开启面积。

验收依据 消防设计文件；《建筑防烟排烟系统技术标准》GB 51251-2017 第 4.3.3、4.3.5 条。

主要内容

4.3.3 自然排烟窗（口）应设置在排烟区域的顶部或外墙，并应符合下列规定：

① 当设置在外墙上时，自然排烟窗（口）应在储烟仓以内，但走道、室内空间净高不大于 3 m 的区域的自然排烟窗（口）可设置在室内净高度的 1/2 以上；

② 自然排烟窗（口）的开启形式应有利于火灾烟气的

排出；

③ 当房间面积不大于 200 m² 时，自然排烟窗（口）的开启方向可不限；

④ 自然排烟窗（口）宜分散、均匀布置，且每组的长度不宜大于 3.0 m；

⑤ 设置在防火墙两侧的自然排烟窗（口）之间最近边缘的水平距离不应小于 2.0 m。

4.3.5　除本标准另有规定外，自然排烟窗（口）开启的有效面积尚应符合下列规定：

① 当采用开窗角大于 70°的悬窗时，其面积应按窗的面积计算；当开窗角小于或等于 70°时，其面积应按窗最大开启时的水平投影面积计算；

② 当采用开窗角大于 70°的平开窗时，其面积应按窗的面积计算；当开窗角小于或等于 70°时，其面积应按窗最大开启时的竖向投影面积计算；

③ 当采用推拉窗时，其面积应按开启的最大窗口面积计算；

④ 当采用百叶窗时，其面积应按窗的有效开口面积计算；

⑤ 当平推窗设置在顶部时，其面积可按窗的 1/2 周长与平推距离乘积计算，且不应大于窗面积；

⑥ 当平推窗设置在外墙时，其面积可按窗的 1/4 周长与平推距离乘积计算，且不应大于窗面积。

15.3　机械排烟

查看设置位置、数量、形式,电动、手动开启和复位。

验收依据　消防设计文件;《建筑防烟排烟系统技术标准》GB 51251-2017 第 8.2.2 条,在消控中心主机查信号反馈打印记录。

主要内容

8.2.2　防烟、排烟系统设备手动功能的验收方法及要求应符合下列规定:

① 送风机、排烟风机应能正常手动启动和停止,状态信号应在消防控制室显示;

② 送风口、排烟阀或排烟口应能正常手动开启和复位,阀门关闭严密,动作信号应在消防控制室显示;

③ 活动挡烟垂壁、自动排烟窗应能正常手动开启和复位,动作信号应在消防控制室显示。

检查数量:各系统按 30% 抽查。

15.4　排烟风机

查看设置位置和数量;查看种类、规格、型号;查看供电情况,测试功能;抽查排烟风机,并核对其证明文件。

验收依据　《建筑防烟排烟系统技术标准》GB 51251-

2017 第 4.4.4、4.4.5、4.4.6、5.5.2、6.2.3 条；《建筑设计防火规范》GB 50016-2014(2018 年版)第 10.1.8 条。

主要内容

《建筑防烟排烟系统技术标准》GB 51251-2017

4.4.4 排烟风机宜设置在排烟系统的最高处,烟气出口宜朝上,并应高于加压送风机和补风机的进风口,二者垂直距离或水平距离应符合本标准第 3.3.5 条第 3 款的规定。

4.4.5 排烟风机应设置在专用机房内,并应符合本标准第 3.3.5 条第 5 款的规定,且风机两侧应有 600 mm 以上的空间。对于排烟系统与通风空气调节系统共用的系统,其排烟风机与排风风机的合用机房应符合下列规定:

① 机房内应设置自动喷水灭火系统;

② 机房内不得设置用于机械加压送风的风机与管道;

③ 排烟风机与排烟管道的连接部件应能在 280℃时连续 30 min 保证其结构完整性。

4.4.6 排烟风机应满足 280℃时连续工作 30 min 的要求,排烟风机应与风机入口处的排烟防火阀连锁,当该阀关闭时,排烟风机应能停止运转。

5.2.2 排烟风机、补风机的控制方式应符合下列规定:

① 现场手动启动;

② 火灾自动报警系统自动启动;

③ 消防控制室手动启动;

④ 系统中任一排烟阀或排烟口开启时,排烟风机、补风

机自动启动;

⑤ 排烟防火阀在 280℃时应自行关闭,并应连锁关闭排烟风机和补风机。

6.2.3 风机应符合产品标准和有关消防产品标准的规定,其型号、规格、数量应符合设计要求,出口方向应正确。

检查数量:全数检查。

检查方法:核对、直观检查,查验产品的质量合格证明文件、符合国家市场准入要求的文件。

《建筑设计防火规范》GB 50016-2014(2018 年版)

10.1.8 消防控制室、消防水泵房、防烟和排烟风机房的消防用电设备及消防电梯等的供电,应在其配电线路的最末一级配电箱处设置自动切换装置。

15.5 管道

管道布置、材质及保温材料。

验收依据 消防设计文件。

15.6 防火阀、排烟防火阀

查看设置位置、型号;查验同层设置数量,测试功能;抽查防火阀、排烟防火阀,并核对其证明文件。

验收依据 消防设计文件;《建筑防烟排烟系统技术标

准》GB 51251-2017 第 4.4.10、6.2.2、7.2.1 条;《建筑设计防火规范》GB 50016-2014(2018 年版)第 9.3.11、9.3.12、9.3.13 条;《通风与空调工程施工质量验收规范》GB 50243-2016 第 11.2.2条第 6 款。

主要内容

《建筑防烟排烟系统技术标准》GB 51251-2017

4.4.10 排烟管道下列部位应设置排烟防火阀:

① 垂直风管与每层水平风管交接处的水平管段上;

② 一个排烟系统负担多个防烟分区的排烟支管上;

③ 排烟风机入口处;

④ 穿越防火分区处。

6.2.2 防烟、排烟系统中各类阀(口)应符合下列规定:

① 排烟防火阀、送风口、排烟阀或排烟口等必须符合有关消防产品标准的规定,其型号、规格、数量应符合设计要求,手动开启灵活、关闭可靠严密。

检查数量:按种类、批抽查 10%,且不得少于 1 个。

检查方法:测试、直观检查,查验产品的质量合格证明文件、符合国家市场准入要求的文件。

② 防火阀、送风口和排烟阀或排烟口等的驱动装置,动作应可靠,在最大工作压力下工作正常。

检查数量:按批抽查 10%,且不得少于 1 件。

检查方法:测试、直观检查,查验产品的质量合格证明文件、符合国家市场准入要求的文件。

③ 防烟、排烟系统柔性短管的制作材料必须为不燃材料。

检查数量：全数检查。

检查方法：直观检查与点燃试验,查验产品的质量合格证明文件、符合国家市场准入要求的文件。

7.2.1 排烟防火阀的调试方法及要求应符合下列规定,并应按附 D 中表 D-4 填写记录：

① 进行手动关闭、复位试验,阀门动作应灵敏、可靠,关闭应严密；

② 模拟火灾,相应区域火灾报警后,同一防火分区内排烟管道上的其他阀门应联动关闭；

③ 阀门关闭后的状态信号应能反馈到消防控制室；

④ 阀门关闭后应能联动相应的风机停止。

调试数量：全数调试。

《建筑设计防火规范》GB 50016-2014(2018 年版)

9.3.11 通风、空气调节系统的风管在下列部位应设置公称动作温度为 70℃ 的防火阀：

① 穿越防火分区处；

② 穿越通风、空气调节机房的房间隔墙和楼板处；

③ 穿越重要或火灾危险性大的场所的房间隔墙和楼板处；

④ 穿越防火分隔处的变形缝两侧；

⑤ 竖向风管与每层水平风管交接处的水平管段上。

注：当建筑内每个防火分区的通风、空气调节系统均独立设置时，水平风管与竖向总管的交接处可不设置防火阀。

9.3.12 为防止火势通过建筑内的浴、卫间、厨的垂直排风管道(自然排风或机械排风)蔓延，要求这些部位的垂直排风管采取防回流措施并尽量在其支管上设置防火阀。

由于厨房中平时操作排出的废气温度较高，若在垂直排风上设置 70℃ 时动作的防火阀，将会影响平时厨房操作中的排风。根据厨房操作需要和厨房常见火灾发生时的温度，本条规定公共建筑厨房的排油烟管道的支管与垂直排风管连接处要设 150℃ 时动作的防火阀，同时，排油烟管道尽量按防火分区设置。

9.3.13 本条规定了防火阀的主要性能和具体设置要求。

① 为使防火阀能自行严密关闭，防火阀关闭的方向应与通风和空调的管道内气流方向相一致。采用感温元件控制的防火阀，其动作温度高于通风系统在正常工作的最高温度(45℃)时，宜取 70℃。现行国家标准《建筑通风和排烟系统用防火阀门》GB 15930 规定防火阀的公称动作温度应为 70℃。

② 为使防火阀能及时关闭，控制防火阀关闭的易熔片或其他感温元件应设在容易感温的部位。设置防火阀的通风管要求具备一定强度，设置防火阀处要设置单独的支吊架，以防止管段变形。在暗装时，需在安装部位设置方便检修的

检修口。

③ 为保证防火阀能在火灾条件下发挥预期作用,穿过防火墙两侧各 2.0 m 范围内的风管绝热材料需采用不燃材料且具备足够的刚性和抗变形能力,穿越处的空隙要用不燃材料或防火封堵材料严密填实。

《通风与空调工程施工质量验收规范》GB 50243-2016

电动调节阀、电动防火阀、防排烟风阀(口)的手动、电动操作应灵活可靠,信号输出应正确。

15.7 系统功能

测试远程直接启动风机;测试风机的联动启动、电动防火阀,电动排烟窗,排烟、送风口的联动功能;联动测试,查看风口气流方向,实测风速,楼梯间、前室、合用前室余压。

验收依据 消防设计文件;《建筑防烟排烟系统技术标准》GB 51251-2017 第 7.2.5、7.3.2、8.2.5、8.2.6 条。

主要内容

7.2.5 送风机、排烟风机调试方法及要求应符合下列规定:

① 手动开启风机,风机应正常运转 2.0 h,叶轮旋转方向应正确、运转平稳、无异常振动与声响;

② 应核对风机的铭牌值,并应测定风机的风量、风压、电流和电压,其结果应与设计相符;

③ 应能在消防控制室手动控制风机的启动、停止,风机的启动、停止状态信号应能反馈到消防控制室;

④ 当风机进、出风管上安装单向风阀或电动风阀时,风阀的开启与关闭应与风机的启动、停止同步。

调试数量:全数调试。

7.3.2 机械排烟系统的联动调试方法及要求应符合下列规定:

① 当任何一个常闭排烟阀或排烟口开启时,排烟风机均应能联动启动;

② 应与火灾自动报警系统联动调试,当火灾自动报警系统发出火警信号后,机械排烟系统应启动有关部位的排烟阀或排烟口、排烟风机;启动的排烟阀或排烟口、排烟风机应与设计和标准要求一致,其状态信号应反馈到消防控制室;

③ 有补风要求的机械排烟场所,当火灾确认后,补风系统应启动;

④ 排烟系统与通风、空调系统合用,当火灾自动报警系统发出火警信号后,由通风、空调系统转换为排烟系统的时间应符合本标准第 5.2.3 条的规定。

调试数量:全数调试。

8.2.5 机械防烟系统的验收方法及要求应符合下列规定:

① 选取送风系统末端所对应的送风最不利的三个连续楼层模拟起火层及其上下层,封闭避难层(间)仅需选取本

层,测试前室及封闭避难层(间)的风压值及疏散门的门洞断面风速值,应分别符合本标准第 3.4.4 条和第 3.4.6 条的规定,且偏差不大于设计值的 10%;

② 对楼梯间和前室的测试应单独分别进行,且互不影响;

③ 测试楼梯间和前室疏散门的门洞断面风速时,应同时开启三个楼层的疏散门。

检查数量:全数检查。

8.2.6 机械排烟系统的性能验收方法及要求应符合下列规定:

① 开启任一防烟分区的全部排烟口,风机启动后测试排烟口处的风速,风速、风量应符合设计要求且偏差不大于设计值 10%;

② 设有补风系统的场所,应测试补风口风速,风速、风量应符合设计要求且偏差不大于设计值的 10%。

检查数量:各系统全数检查。

16　消防电气

16.1　消防电源

查验消防负荷等级、供电形式。

验收依据　消防设计文件。

16.2　备用发电机

查验备用发电机规格、型号及功率；查看设置位置及燃料配备；测试应急启动发电机。

验收依据　消防设计文件；《民用建筑电气设计标准》GB 51348-2019 第 6.1.4、6.1.8、6.1.10 条；《建筑设计防火规范》GB 50016-2014(2018 年版)第 5.4.13、10.1.4 条。

主要内容

《民用建筑电气设计标准》GB 51348-2019

6.1.4　机组应设置在专用机房内，机房设备的布置应符合下列规定。

① 机房设备布置应符合机组运行工艺要求。

② 机组布置应符合下列要求：

● 机组宜横向布置;

● 机房与控制室、配电室贴邻布置时,发电机出线端与电缆沟宜布置在靠控制室、配电室侧;

● 机组之间、机组外廊至墙的净距应满足设备运输、就地操作、维护检修或布置附属设备的需要,有关尺寸不宜小于下表6.1.4的规定。

表 6.1.1　机组之间及机组外廓与墙壁的最小净距(m)

容量 (kW 项目)		64 以下	75～ 150	200～ 400	500～ 1 500	1 600～ 2 000	2 100～ 2 400
机组 操作面		1.5	1.5	1.5	1.5～2.0	2.0～2.2	2.2
机组背面		1.5	1.5	1.5	1.8	2.0	2.0
柴油机端		0.7	0.7	1.0	1.0～1.5	1.5	1.5
机组间距	d	1.5	1.5	1.5	1.5～2.0	2.0～2.3	2.3
发电机端		1.5	1.5	1.5	1.8	1.8～2.2	2.2
机房净高	h	2.5	3.0	3.0	4.0～5.0	5.0～5.5	5.5

注：当机组按水冷却方式设计时,柴油机端距离可适当缩小;当机组需要做消声工程时,尺寸应另外考虑。

6.1.8 发电机组的自启动与并列运行应符合下列规定。

① 用于应急供电的发电机组平时应处于自启动状态。当市电中断时,低压发电机组应在 30 s 内供电,高压发电机组应在 60 s 内供电。

② 机组电源不得与市电并列运行,并应有能防止误并网的联锁装置。

③ 当市电恢复正常供电后,应能自动切换至正常电源,机组能自动退出工作,并延时停机。

④ 为了避免防灾用电设备的电动机同时启动而造成柴油发电机组熄火停机,用电设备应具有不同延时,错开启动时间;重要性相同时,宜先启动容量大的负荷。

⑤ 自启动机组的操作电源、机组预热系统、燃料油、润滑油、冷却水以及室内环境温度等均应保证机组随时启动;水源及能源必须具有独立性,不应受市电停电的影响。

⑥ 自备柴油发电机组自启动宜采用电启动方式,电启动设备宜按下列要求设置:

● 电启动用蓄电池组电压宜为 12 V 或 24 V,容量应按柴油机连续启动不少于 6 次确定;

● 蓄电池组宜靠近启动发电机组设置,并应防止油、水浸入;

● 应设置整流充电设备,其输出电压宜高于蓄电池组的电动势50%,输出电流不小于蓄电池10 h放电率电流;

● 当连续 3 次自启动失败,应在控制盘上发出报警信号;

● 应自动控制机组的附属设备,自动转换冷却方式和通风方式。

6.1.10 储油设施的设置应符合下列规定:

① 当燃油来源及运输不便或机房内机组较多、容量较大时,宜在建筑物主体外设置不大于 15 m³ 的储油罐;

② 机房内应设置储油间,其总储存量不应超过 1 m³,并

应采取相应的防火措施;

③ 日用燃油箱宜高位布置,出油口宜高于柴油机的高压射油泵;

④ 卸油泵和供油泵可共用,应装设电动和手动各一台,其容量应按最大卸油量或供油量确定;

⑤ 储油设施除应符合本规定外,尚应符合现行国家标准《建筑设计防火规范》GB 50016 的相关规定。

《建筑设计防火规范》GB 50016-2014(2018 年版)

5.4.13 布置在民用建筑内的柴油发电机房应符合下列规定:

① 宜布置在首层或地下一、二层;

② 不应布置在人员密集场所的上一层、下一层或贴邻;

③ 应采用耐火极限不低于 2.00 h 的防火隔墙和 1.50 h 的不燃性楼板与其他部位分隔,门应采用甲级防火门;

④ 机房内设置储油间时,其总储存量不应大于 1 m^3,储油间应采用耐火极限不低于 3.00 h 的防火隔墙与发电机间分隔;确需在防火隔墙上开门时,应设置甲级防火门;

⑤ 应设置火灾报警装置;

⑥ 应设置与柴油发电机容量和建筑规模相适应的灭火设施,当建筑内其他部位设置自动喷水灭火系统时,机房内应设置自动喷水灭火系统。

10.1.4 消防用电按一、二级负荷供电的建筑;当采用自备发电设备作备用电源时,自备发电设备应设置自动和手动启动装置,当采用自动启动方式时,应能保证在 30 s 内供电。

16.3　其他备用电源

EPS 或 UPS 等。

验收依据　《建筑电气工程施工质量验收规范》GB 50303-2015 第 8.1.1—8.1.5、8.2.1—8.2.4 条;《民用建筑电气设计标准》GB 51348-2019 第 6.2.2、6.3.3 条。

主要内容

《建筑电气工程施工质量验收规范》GB 50303-2015 第 8.1.1—8.1.5、8.2.1—8.2.4 条

8.1.1　UPS 及 EPS 的整流、逆变、静态开关、储能电池或蓄电池组的规格、型号应符合设计要求。内部接线应正确、可靠不松动,紧固件应齐全。

检查数量:全数检查。

检查方法:核对设计图并观察检查。

8.1.2　UPS 及 EPS 的极性应正确,输入、输出各级保护系统的动作和输出的电压稳定性、波形畸变系数及频率、相位、静态开关的动作等各项技术性能指标试验调整应符合产品技术文件要求,当以现场的最终试验替代出厂试验时,应根据产品技术文件进行试验调整,且应符合设计文件要求。

检查数量:全数检查。

检查方法:试验调整时观察检查并查阅设计文件和产品

技术文件及试验调整记录。

8.1.3 EPS 应按设计或产品技术文件的要求进行下列检查:

① 核对初装容量,并应符合设计要求;

② 核对输入回路断路器的过载和短路电流整定值,并应符合设计要求;

③ 核对各输出回路的负荷量,且不应超过 EPS 的额定最大输出功率;

④ 核对蓄电池备用时间及应急电源装置的允许过载能力,并应符合设计要求;

⑤ 当对电池性能、极性及电源转换时间有异议时,应由制造商负责现场测试,并应符合设计要求;

⑥ 控制回路的动作试验,并应配合消防联动试验合格。

检查数量:全数检查。

检查方法:按设计或产品技术文件核对相关技术参数,查阅相关试验记录。

8.1.4 UPS 及 EPS 的绝缘电阻值应符合下列规定:

① UPS 的输入端、输出端对地间绝缘电阻值不应小于 2 MΩ;

② UPS 及 EPS 连线及出线的线间、线对地间绝缘电阻值不应小于 0.5 MΩ。

检查数量:第 1 款全数检查;第 2 款按回路数各抽查 20%,且各不得少于 1 个回路。

检查方法：用绝缘电阻测试仪测试并查阅绝缘电阻测试记录。

8.1.5 UPS 输出端的系统接地连接方式应符合设计要求。

检查数量：全数检查。

检查方法：按设计图核对检查。

8.2.1 安放 UPS 的机架或金属底座的组装应横平竖直、紧固件齐全，水平度、垂直度允许偏差不应大于 1.5‰。

检查数量：按设备总数抽查 20%，且各不得少于 1 台。

检查方法：观察检查并用拉线尺量检查、线坠尺量检查。

8.2.2 引入或引出 UPS 及 EPS 的主回路绝缘导线、电缆和控制绝缘导线、电缆应分别穿钢导管保护；当在电缆支架上或在梯架、托盘和线槽内平行敷设时，其分隔间距应符合设计要求；绝缘导线、电缆的屏蔽护套接地应连接可靠、紧固件齐全，与接地干线应就近连接。

检查数量：按装置的主回路总数抽查 10%，且不得少于 1 个回路。

检查方法：观察检查并用尺量检查，查阅相关隐蔽工程检查记录。

8.2.3 UPS 及 EPS 的外露可导电部分应与保护导体可靠连接，并应有标识。

检查数量：按设备总数抽查 20%，且不得少于 1 台。

检查方法：观察检查。

8.2.4 UPS 正常运行时产生的 A 声级噪声应符合产品技术文件要求。

检查数量：全数检查。

检查方法：用 A 声级计测量检查。

《民用建筑电气设计标准》GB 51348-2019

6.2.2 EPS 的选择和配电设计应符合下列规定：

① EPS 应按负荷性质、负荷容量及备用供电时间等要求选择。

② 电感性和混合性的照明负荷宜选用交流制式的 EPS。纯阻性及交、直流共用的照明负荷宜选用直流制式的 EPS。

③ EPS 的额定输出功率不应小于所连接的应急照明负荷总容量的 1.3 倍。

④ EPS 的蓄电池初装容量应按疏散照明时间的 3 倍配置，有自备柴油发电机组时 EPS 的蓄电池初装容量应按疏散照明时间的 1 倍配置。

⑤ EPS 单机容量不应大于 90 kV・A。

⑥ EPS 的切换时间,应满足下列要求：

● 用作安全照明电源装置时,不应大于 0.25 s;

● 用作人员密集场所的疏散照明电源装置时,不应大于 0.25 s,其他场所不应大于 5 s;

● 用作备用照明电源装置时,不应大于 5 s;金融、商业交易场所不应大于 1.5 s;

● 当需要满足金属卤化物灯或 HID 气体放电灯的电源

切换要求时,EPS 的切换时间不应大于 3 ms。

⑦ 当负荷过载为额定负荷的 120% 时,EPS 应能长期工作。

⑧ EPS 的逆变工作效率应大于 90%。

6.3.3 UPS 的选择,应按负荷性质、负荷容量、允许中断供电时间等要求确定,并应符合下列规定:

① UPS 宜用于电容性和电阻性负荷;

② 为信息网络系统供电时,UPS 的额定输出功率应大于信息网络设备额定功率总和的 1.2 倍;对其他用电设备供电时,其额定输出功率应为最大计算负荷的 1.3 倍;

③ 当选用两台 UPS 并列供电时,每台 UPS 的额定输出功率应大于信息网络设备额定功率总和的 1.2 倍;

④ UPS 的蓄电池组容量应由用户根据具体工程允许中断供电时间的要求选定;

⑤ UPS 的工作制,宜按连续工作制考虑。

16.4 消防配电

查看消防用电设备是否设置专用供电回路;查看消防用电设备的配电箱及末端切换装置及断路器设置;查看配电线路敷设及防护措施。

验收依据 《建筑设计防火规范》GB 50016-2014(2018 年版)第 10.1.6、10.1.8、10.1.9、10.1.10 条。

主要内容

10.1.6 消防用电设备应采用专用的供电回路,当建筑内的生产、生活用电被切断时,应仍能保证消防用电。备用消防电源的供电时间和容量,应满足该建筑火灾延续时间内各消防用电设备的要求。

10.1.8 消防控制室、消防水泵房、防烟和排烟风机房的消防用电设备及消防电梯等的供电,应在其配电线路的最末一级配电箱处设置自动切换装置。

10.1.9 按一、二级负荷供电的消防设备,其配电箱应独立设置;按三级负荷供电的消防设备,其配电箱宜独立设置。消防配电设备应设置明显标志。

10.1.10 消防配电线路应满足火灾时连续供电的需要,其敷设应符合下列规定:

① 明敷时(包括敷设在吊顶内),应穿金属导管或采用封闭式金属槽盒保护,金属导管或封闭式金属槽盒应采取防火保护措施;当采用阻燃或耐火电缆并敷设在电缆井、沟内时,可不穿金属导管或采用封闭式金属槽盒保护;当采用矿物绝缘类不燃性电缆时,可直接明敷;

② 暗敷时,应穿管并应敷设在不燃性结构内且保护层厚度不应小于 30 mm;

③ 消防配电线路宜与其他配电线路分开敷设在不同的电缆井、沟内;确有困难需敷设在同一电缆井、沟内时,应分别布置在电缆井、沟的两侧,且消防配电线路应采用矿物绝

缘类不燃性电缆。

16.5　用电设施

查看架空线路与保护对象的间距;开关、灯具等装置的发热情况和隔热、散热措施;消防水泵控制柜防护措施。

验收依据　《建筑设计防火规范》GB 50016-2014(2018 年版)第 10.2.1、10.2.4、10.2.5 条;《消防给水及消火栓系统技术规范》GB 50974-2014 第 11.0.9、11.0.10 条。

主要内容

《建筑设计防火规范》GB 50016-2014(2018 年版)

10.2.1　架空电力线与甲、乙类厂房(仓库),可燃材料堆垛,甲、乙、丙类液体储罐,液化石油气储罐,可燃、助燃气体储罐的最近水平距离应符合表 10.2.1 的规定。

35 kV 及以上架空电力线与单罐容积大于 200 m³ 或总容积大于 1 000 m³ 液化石油气储罐(区)的最近水平距离不应小于 40 m。

表 **10.2.1**　架空电力线与甲、乙类厂房(仓库)、

可燃材料堆垛等的最近水平距离(m)

名称	架空电力线
甲、乙类厂房(仓库),可燃材料堆垛,甲、乙、丙类液体储罐,液化石油气储罐,可燃、助燃气体储罐	电杆(塔)高度的 1.5 倍

（续表）

名称	架空电力线
直埋地下的甲、乙类液体储罐和可燃气体储罐	电杆（塔）高度的0.75倍
丙类液体储罐	电杆（塔）高度的1.2倍
直埋地下的丙类液体储罐	电杆（塔）高度的0.6倍

10.2.4 开关、插座和照明灯具靠近可燃物时，应采取隔热、散热等防火措施。

卤钨灯和额定功率不小于100 W的白炽灯泡的吸顶灯、槽灯、嵌入式灯，其引入线应采用瓷管、矿棉等不燃材料做隔热保护。

额定功率不小于60 W的白炽灯、卤钨灯、高压钠灯、金属卤化物灯、荧光高压汞灯（包括电感镇流器）等，不应直接安装在可燃物体上或采取其他防火措施。

10.2.5 可燃材料仓库内宜使用低温照明灯具，并应对灯具的发热部件采取隔热等防火措施，不应使用卤钨灯等高温照明灯具。配电箱及开关应设置在仓库外。

《消防给水及消火栓系统技术规范》GB 50974-2014

11.0.9 消防水泵控制柜设置在专用消防水泵控制室时，其防护等级不应低于IP30；与消防水泵设置在同一空间时，其防护等级不应低于IP55。

11.0.10 消防水泵控制柜应采取防止被水淹没的措施。在高温潮湿环境下,消防水泵控制柜内应设置自动防潮除湿的装置。

17 建筑灭火器

17.1 配置

查看灭火器类型、规格、灭火级别和配置数量；抽查灭火器，并核对其证明文件。

验收依据 消防设计文件、消防设计文件；《建筑灭火器配置设计规范》GB 50140-2005 第 3.1、4.2、5.2、6.2 节、第 3.2.2 条；《建筑灭火器配置验收及检查规范》GB 50444-2008 第 2.2.1—2.2.4 条。

主要内容

《建筑灭火器配置设计规范》GB 50140-2005

3.1.1 灭火器配置场所的火灾种类应根据该场所内的物质及其燃烧特性进行分类。

3.1.2 灭火器配置场所的火灾种类可划分为以下五类。

A 类火灾：固体物质火灾。

B 类火灾：液体火灾或可熔化固体物质火灾。

C 类火灾：气体火灾。

D 类火灾：金属火灾。

E 类火灾（带电火灾）：物体带电燃烧的火灾。

3.2.2 民用建筑灭火器配置场所的危险等级,应根据其使用性质、人员密集程度、用电用火情况、可燃物数量、火灾蔓延速度、扑救难易程度等因素,划分为以下三级。

① 严重危险级:使用性质重要,人员密集,用电用火多,可燃物多,起火后蔓延迅速,扑救困难,容易造成重大财产损失或人员群死群伤的场所。

② 中危险级:使用性质较重要,人员较密集,用电用火较多,可燃物较多,起火后蔓延较迅速,扑救较难的场所。

③ 轻危险级:使用性质一般,人员不密集,用电用火较少,可燃物较少,起火后蔓延较缓慢,扑救较易的场所。

民用建筑灭火器配置场所的危险等级举例见《建筑灭火器配置设计规范》GB 50140-2005 附录 D。

4.2.1 A 类火灾场所应选择水型灭火器、磷酸铵盐干粉灭火器、泡沫灭火器或卤代烷灭火器。

4.2.2 B 类火灾场所应选择泡沫灭火器、碳酸氢钠干粉灭火器、磷酸铵盐干粉灭火器、二氧化碳灭火器、灭 B 类火灾的水型灭火器或卤代烷灭火器。

极性溶剂的 B 类火灾场所应选择灭 B 类火灾的抗溶性灭火器。

4.2.3 C 类火灾场所应选择磷酸铵盐干粉灭火器、碳酸氢钠粉灭火器、二氧化碳灭火器或卤代烷灭火器。

4.2.4 D 类火灾场所应选择扑灭金属火灾的专用灭火器。

4.2.5 E类火灾场所应选择磷酸铵盐干粉灭火器、碳酸氢钠干粉灭火器、卤代烷灭火器或二氧化碳灭火器,但不得选用装有金属喇叭喷筒的二氧化碳灭火器。

4.2.6 非必要场所不应配置卤代烷灭火器。非必要场所的举例见《建筑灭火器配置设计规范》GB 5010 附录 F 必要场所可配置卤代烷灭火器。

5.2.1 设置在 A 类火灾场所的灭火器,其最大保护距离应符合表 5.2.1 的规定。

表 5.2.1 A类火灾场所的灭火器最大保护距离(m)

灭火器型危险等级	手提式灭火器	推车式灭火器
严重危险级	15	30
中危险级	20	40
轻危险级	25	50

5.2.2 设置在 B、C 类火灾场所的灭火器,其最大保护距离应符合表 5.2.2 的规定。

表 5.2.2 B,C类火灾场所的灭火器最大保护距离(m)

灭火器型危险等级	手提式灭火器	推车式灭火器
严重危险级	9	18
中危险级	12	24
轻危险级	15	30

5.2.3 D类火灾场所的灭火器,其最大保护距离应根据具体情况研究确定。

5.2.4 E类火灾场所的灭火器,其最大保护距离不应低于该场所内A类或B类火灾的规定。

6.2.1 A类火灾场所灭火器的最低配置基准应符合表6.2.1的规定。

表6.2.1　A类火灾场所灭火器的最低配置基准

危险等级	严重危险级	中危险级	轻危险级
单具灭火器最小配置灭火级别	3A	2A	1A
单位灭火级别最大保护面积(m²/A)	50	75	100

6.2.2 B,C类火灾场所灭火器的最低配置基准应符合表6.2.2的规定。

表6.2.2　B,C类火灾场所灭火器的最低配置基准

危险等级	严重危险级	中危险级	轻危险级
单具灭火器最小配置灭火级别	89B	55B	21B
单位灭火级别最大保护面积(m²/B)	0.5	1.0	1.5

6.2.3 D类火灾场所的灭火器最低配置基准应根据金属的种类、物态及其特性等研究确定。

6.2.4 E类火灾场所的灭火器最低配置基准不应低于该场所内A类(或B类)火灾的规定。

《建筑灭火器配置验收及检查规范》GB 50444-2008

2.2.1 灭火器的进场检查应符合下列要求：

① 灭火器应符合市场准入的规定，并应有出厂合格证和相关证书；

② 灭火器的铭牌、生产日期和维修日期等标志应齐全；

③ 灭火器的类型、规格、灭火级别和数量应符合配置设计要求；

④ 灭火器筒体应无明显缺陷和机械损伤；

⑤ 灭火器的保险装置应完好；

⑥ 灭火器压力指示器的指针应在绿区范围内；

⑦ 推车式灭火器的行驶机构应完好。

检查数量：全数检查。

检查办法：观察检查,资料检查。

2.2.2 灭火器箱的进场检查应符合下列要求：

① 灭火器箱应有出厂合格证和型式检验报告；

② 灭火器箱外观应无明显缺陷和机械损伤；

③ 灭火器箱应开启灵活。

检查数量：全数检查。

检查办法：观察检查,资料检查。

2.2.3 设置灭火器的挂钩、托架应符合配置设计要求，无明显缺陷和机械损伤,并应有出厂合格证。

检查数量：全数检查。

检查办法：观察检查,资料检查。

2.2.4 发光指示标志应无明显缺陷和损伤,并应有出厂合格证和型式检验报告。

检查数量:全数检查。

检查办法:观察检查,资料检查。

17.2 布置

测量灭火器设置点距离;查看灭火器设置点位置、摆放和使用环境;查看设置点的设置数量。

验收依据 消防设计文件;《建筑灭火器配置验收及检查规范》GB 50444-2008 第 3、4 章。

主要内容

3.1 一般规定

3.1.1 灭火器的安装设置应包括灭火器、灭火器箱、挂钩、托架和发光指示标志等的安装。

3.1.2 灭火器的安装设置应按照建筑灭火器配置设计图和安装说明进行,安装设置单位应按照《建筑灭火器配置验收及检查规范》GB 50444-2008 附录 A 的规定编制建筑灭火器配置定位编码表。

3.1.3 灭火器的安装设置应便于取用,且不得影响安全疏散。

3.1.4 灭火器的安装设置应稳固,灭火器的铭牌应朝外,灭火器的器头宜向上。

3.1.5 灭火器设置点的环境温度不得超出灭火器的使用温度范围。

3.2 手提式灭火器的安装设置

3.2.1 手提式灭火器宜设置在灭火器箱内或挂钩、托架上。对于环境干燥、洁净的场所,手提式灭火器可直接放置在地面上。

检查数量:全数检查。

检查方法:观察检查。

3.2.2 灭火器箱不应被遮挡、上锁或拴系。

检查数量:全数检查。

检查方法:观察检查。

3.2.3 灭火器箱的箱门开启应方便灵活,其箱门开启后不得阻挡人员安全疏散。除不影响灭火器取用和人员疏散的场合外,开门型灭火器箱的箱门开启角度不应小于175°,翻盖型灭火器箱的翻盖开启角度不应小于100°。

检查数量:全数检查。

检查方法:观察检查与实测。

3.2.4 挂钩、托架安装后应能承受一定的静载荷,不应出现松动、脱落、断裂和明显变形。

检查数量:随机抽查20%,但不少于3个;总数少于3个时,全数检查。

检查方法:以5倍的手提式灭火器的载荷悬挂于挂钩、

托架上,作用 5 min,观察是否出现松动、脱落、断裂和明显变形等现象;当 5 倍的手提式灭火器质量小于 45 kg 时,应按 45 kg 进行检查。

3.2.5　挂钩、托架安装应符合下列要求:

① 应保证可用徒手的方式便捷地取用设置在挂钩、托架上的手提式灭火器;

② 当两具及两具以上的手提式灭火器设置在相邻挂钩、托架上时,应可任意地取用其中一具。

检查数量:随机抽查 20%,但不少于 3 个;总数少于 3 个时,全数检查。

检查方法:观察检查和实际操作。

3.2.6　设有夹持带的挂钩、托架,夹持带的打开方式应从正面可以看到。当夹持带打开时,灭火器不应掉落。

检查数量:随机抽查 20%,但不少于 3 个;总数少于 3 个时,全数检查。

检查方法:观察检查与实际操作。

3.2.7　嵌墙式灭火器箱及挂钩、托架的安装高度应满足手提式灭火器顶部离地面距离不大于 1.50 m,底部离地面距离不小于 0.08 m 的规定。

检查数量:随机抽查 20%,但不少于 3 个;总数少于 3 个时,全数检查。

检查方法:观察检查与实测。

3.3 推车式灭火器的设置

3.3.1 推车式灭火器宜设置在平坦场地,不得设置在台阶上。在没有外力作用下,推车式灭火器不得自行滑动。

检查数量:全数检查。

检查方法:观察检查。

3.3.2 推车式灭火器的设置和防止自行滑动的固定措施等均不得影响其操作使用和正常行驶移动。

检查数量:全数检查。

检查方法:观察检查。

3.4 其他

3.4.1 在有视线障碍的设置点安装设置灭火器时,应在醒目的地方设置指示灭火器位置的发光标志。

检查数量:全数检查。

检查方法:观察检查。

3.4.2 在灭火器箱的箱体正面和灭火器设置点附近的墙面上应设置指示灭火器位置的标志,并宜选用发光标志。

检查数量:全数检查。

检查方法:观察检查。

3.4.3 设置在室外的灭火器应采取防湿、防寒、防晒等相应保护措施。

检查数量:全数检查。

检查方法：观察检查。

3.4.4　当灭火器设置在潮湿性或腐蚀性的场所时，应采取防湿或防腐蚀措施。

检查数量：全数检查。

检查方法：观察检查。

4.1　一般规定

4.1.1　灭火器安装设置后，必须进行配置验收，验收不合格不得投入使用。

4.1.2　灭火器配置验收应由建设单位组织设计、安装、监理等单位按照建筑灭火器配置设计文件进行。

4.1.3　灭火器配置验收时，安装单位应提交下列技术资料：

① 建筑灭火器配置工程竣工图、建筑灭火器配置定位编码表；

② 灭火器配置设计说明、建筑设计防火审核意见书；

③ 灭火器的有关质量证书、出厂合格证、使用维护说明书等。

4.1.4　灭火器配置验收应按《建筑灭火器配置验收及检查规范》GB 50444-2008 附录 B 的要求填写建筑灭火器配置验收报告。

4.2　配置验收

4.2.1　灭火器的类型、规格、灭火级别和配置数量应符合建筑灭火器配置设计要求。

检查数量：按照灭火器配置单元的总数，随机抽查20%，并不得少于3个，少于3个配置单元的，全数检查；歌舞娱乐放映游艺场所，甲、乙类火灾危险性场所、文物保护单位，全数检查。

验收方法：对照建筑灭火器配置设计图进行。

4.2.2 灭火器的产品质量必须符合国家有关产品标准的要求。

检查数量：随机抽查20%，查看灭火器的外观质量，全数检查灭火器的合格手续。

验收方法：现场直观检查，查验产品有关质量证书。

4.2.3 在同一灭火器配置单元内，采用不同类型灭火器时，其灭火剂应能相容。

检查数量：随机抽查20%。

验收方法：对照建筑灭火器配置设计文件和灭火器铭牌，现场核实。

4.2.4 灭火器的保护距离应符合现行国家标准《建筑灭火器配置设计规范》GB 50140 的有关规定，灭火器的设置应保证配置场所的任一点都在灭火器设置点的保护范围内。

检查数量：按照灭火器配置单元的总数，随机抽查20%；少于3个配置单元的，全数检查。

验收方法：用尺丈量。

4.2.5 灭火器设置点附近应无障碍物，取用灭火器方便,且不得影响人员安全疏散。

检查数量:全数检查。

验收方法:观察检查。

4.2.6 灭火器箱应符合《建筑灭火器配置验收及检查规范》GB 50444-2008 第 3.2.2、3.2.3 条的规定。

检查数量:随机抽查 20%,但不少于 3 个;少于 3 个,全数检查。

验收方法:观察检查与实测。

4.2.7 灭火器的挂钩、托架应符合《建筑灭火器配置验收及检查规范》GB 50444-2008 第 3.2.4—3.2.6 条的规定。

检查数量:随机抽查 5%,但不少于 3 个;少于 3 个,全数检查。

验收方法:观察检查与实测。

4.2.8 灭火器采用挂钩、托架或嵌墙式灭火器箱安装设置时,灭火器的设置高度应符合现行国家标准《建筑灭火器配置设计规范》GB 50140 的要求,其设置点与设计点的垂直偏差不应大于 0.01 m。

检查数量:随机抽查 20%,但不少于 3 个;少于 3 个,全数检查。

验收方法:观察检查与实测。

4.2.9 推车式灭火器的设置,应符合《建筑灭火器配置验收及检查规范》GB 50444-2008 第 3.3.1—3.3.2 条的规定。

检查数量:全数检查。

验收方法：观察检查。

4.2.10 灭火器的位置标识,应符合《建筑灭火器配置验收及检查规范》GB 50444-2008 第 3.4.1—3.4.2 条的规定。

检查数量：全数检查。

验收方法：观察检查。

4.2.11 灭火器的摆放应稳固。灭火器的设置点应通风、干燥、洁净,其环境温度不得超出灭火器的使用温度范围。设置在室外和特殊场所的灭火器应采取相应的保护措施。

检查数量：全数检查。

验收方法：观察检查。

4.3 配置验收判定规则

4.3.1 灭火器配置验收应按独立建筑进行,局部验收可按申报的范围进行。

4.3.2 灭火器配置验收的判定规则应符合下列要求：

① 缺陷项目应按《建筑灭火器配置验收及检查规范》GB 50444-2008 附录 B 的规定划分为：严重缺陷项(A)、重缺陷项(B)和轻缺陷项(C)。

② 合格判定条件应为：A = 0,且 B≤1,B + C≤4,否则为不合格。

18 泡沫灭火系统

18.1 泡沫灭火系统防护区

查看保护对象的设置位置、性质、环境温度,核对系统选型。

验收依据 消防设计文件。

18.2 泡沫储罐

查看设置位置;查验泡沫灭火剂种类和数量;抽查泡沫灭火剂,并核对其证明文件。

验收依据 消防设计文件;《泡沫灭火系统施工与验收规范》GB 50281-2006 第 3.0.5、4.2.1、4.2.2 条。

主要内容

3.0.5 泡沫灭火系统施工前应具备下列技术资料:

① 经批准的设计施工图、设计说明书;

② 主要组件的安装使用说明书;

③ 泡沫产生装置、泡沫比例混合器(装置)、泡沫液压力储罐、消防泵、泡沫消火栓、阀门、压力表、管道过滤器、金属

软管、泡沫液、管材及管件等系统组件和材料应具备符合市场准入制度要求的有效证明文件和产品出厂合格证。

4.2.1 泡沫液进场应由监理工程师组织,现场取样留存。

检查数量:按全项检测需要量。

检查方法:观察检查和检查市场准入制度要求的有效证明文件及产品出厂合格证。

4.2.2 对属于下列情况之一的泡沫液,应由监理工程师组织现场取样,送至具备相应资质的检测单位进行检测,其结果应符合国家现行有关产品标准和设计要求。

① 6%型低倍数泡沫液设计用量大于或等于7.0 t;

② 3%型低倍数泡沫液设计用量大于或等于3.5 t;

③ 6%蛋白型中倍数泡沫液最小储备量大于或等于2.5 t;

④ 6%合成型中倍数泡沫液最小储备量大于或等于2.0 t;

⑤ 高倍数泡沫液最小储备量大于或等于1.0 t;

⑥ 合同文件规定现场取样送检的泡沫液。

检查数量:按送检需要量。

检查方法:检查现场取样按现行国家标准《泡沫灭火剂通用技术条件》GB 15308 的规定核对发泡性能(发泡倍数、析液时间)和灭火性能(灭火时间、抗烧时间)的检验报告。

18.3 泡沫比例混合、泡沫发生装置

查看其规格、型号;查看设置位置及安装;抽查泡沫灭火设备,并核对其证明文件。

验收依据 规格、型号、位置核对消防设计文件;《泡沫灭火系统施工与验收规范》GB 50281-2006 第 3.0.5、4.3.1—4.3.3 条、第 5.4、5.6 节。

主要内容

3.0.5 泡沫灭火系统施工前应具备下列技术资料:

① 经批准的设计施工图、设计说明书;

② 主要组件的安装使用说明书;

③ 泡沫产生装置、泡沫比例混合器(装置)、泡沫液压力储罐、消防泵、泡沫消火栓、阀门、压力表、管道过滤器、金属软管、泡沫液、管材及管件等系统组件和材料应具备符合市场准入制度要求的有效证明文件和产品出厂合格证。

4.3.1 泡沫产生装置、泡沫比例混合器(装置)、泡沫液储罐、消防泵、泡沫消火栓、阀门、压力表、管道过滤器、金属软管等系统组件的外观质量,应符合下列规定:

① 无变形及其他机械性损伤;

② 外露非机械加工表面保护涂层完好;

③ 无保护涂层的机械加工面无锈蚀;

④ 所有外露接口无损伤,堵、盖等保护物包封良好;

⑤ 铭牌标记清晰、牢固。

检查数量：全数检查。

检查方法：观察检查。

4.3.2 消防泵盘车应灵活,无阻滞,无异常声音;高倍数泡沫产生器用手转动叶轮应灵活;固定式泡沫炮的手动机构应无卡阻现象。

检查数量：全数检查。

检查方法：手动检查。

4.3.3 泡沫产生装置、泡沫比例混合器（装置）、泡沫液压力储罐、消防泵、泡沫消火栓、阀门、压力表、管道过滤器、金属软管等系统组件应符合下列规定。

① 其规格、型号、性能应符合国家现行产品标准和设计要求。

检查数量：全数检查。

检查方法：检查市场准入制度要求的有效证明文件和产品出厂合格证。

② 设计上有复验要求或对质量有疑义时,应由监理工程师抽样,并由具有相应资质的检测单位进行检测复验,其复验结果应符合国家现行产品标准和设计要求。

检查数量：按设计要求数量或送检需要量。

检查方法：检查复验报告。

5.4.1 泡沫比例混合器（装置）的安装应符合下列规定。

① 泡沫比例混合器（装置）的标注方向应与液流方向一致。

检查数量：全数检查。

检查方法：观察检查。

② 泡沫比例混合器(装置)与管道连接处的安装应严密。

检查数量：全数检查。

检查方法：调试时观察检查。

5.4.2 环泵式比例混合器的安装应符合下列规定。

① 环泵式比例混合器的安装标高的允许偏差为 ±10 mm。

检查数量：全数检查。

检查方法：用拉线、尺量检查。

② 备用的环泵式比例混合器应并联安装在系统上，并应有明显的标志。

检查数量：全数检查。

检查方法：观察检查。

5.4.3 压力式比例混合装置应整体安装，并应与基础牢固固定。

检查数量：全数检查。

检查方法：观察检查。

5.4.4 平衡式比例混合装置的安装应符合下列规定。

① 整体平衡式比例混合装置应竖直安装在压力水的水平管道上，并应在水和泡沫液进口的水平管道上分别安装压力表，且与平衡式比例混合装置进口处的距离不宜大于 0.3 m。

检查数量：全数检查。

检查方法：尺量和观察检查。

② 分体平衡式比例混合装置的平衡压力流量控制阀应竖直安装。

检查数量：全数检查。

检查方法：观察检查。

③ 水力驱动式平衡式比例混合装置的泡沫液泵应水平安装,安装尺寸和管道的连接方式应符合设计要求。

检查数量：全数检查。

检查方法：尺量和观察检查。

5.4.5 管线式比例混合器应安装在压力水的水平管道上或串接在消防水带上,并应靠近储罐或防护区,其吸液口与泡沫液储罐或泡沫液桶最低液面的高度不得大于 1.0 m。

检查数量：全数检查。

检查方法：尺量和观察检查。

5.6.1 低倍数泡沫产生器的安装应符合下列规定。

① 液上喷射的泡沫产生器应根据产生器类型安装,并应符合设计要求。

检查数量：全数检查。

检查方法：观察检查。

② 水溶性液体储罐内泡沫溜槽的安装应沿罐壁内侧螺旋下降到距罐底 1.0～1.5 m 处,溜槽与罐底平面夹角宜为 30°～45°;泡沫降落槽应垂直安装,其垂直度允许偏差为降落

槽高度的 5‰,且不得超过 30 mm,坐标允许偏差为 25 mm,
标高允许偏差为 ± 20 mm。

检查数量:按安装总数的 10%,但不得少于 1 个。

检查方法:用拉线、吊线、量角器和尺量检查。

③ 液下及半液下喷射的高背压泡沫产生器应水平安装
在防火堤外的泡沫混合液管道上。

检查数量:全数检查。

检查方法:观察检查。

④ 在高背压泡沫产生器进口侧设置的压力表接口应竖
直安装;其出口侧设置的压力表、背压调节阀和泡沫取样口
的安装尺寸应符合设计要求,环境温度为 0℃ 及以下的地区,
背压调节阀和泡沫取样口上的控制阀应选用钢质阀门。

检查数量:按安装总数的 10%抽查,且不得少于 1 个储
罐的安装数量。

检查方法:尺量和观察检查。

⑤ 液下喷射泡沫产生器或泡沫导流罩沿罐周均匀布置
时,其间距偏差不宜大于 100 mm。

检查数量:按间距总数的 10%,且不得少于 1 个储罐的
数量。

检查方法:用拉线和尺量检查。

⑥ 外浮顶储罐泡沫喷射口设置在浮顶上时,泡沫混合液
支管应固定在支架上,泡沫喷射口 T 型管应水平安装,伸入
泡沫堰板后应向下倾斜,角度应符合设计要求。

检查数量：按安装总数的 10%，且不得少于 1 个储罐的安装数量。

检查方法：用水平尺、量角器和尺量检查。

⑦ 外浮顶储罐泡沫喷射口设置在罐壁顶部、密封或挡雨板上方或金属挡雨板的下部时，泡沫堰板的高度及与罐壁的间距应符合设计要求。

检查数量：按储罐总数的 10% 检查，且不得少于 1 个储罐。

检查方法：尺量检查

⑧ 泡沫堰板的最低部位设置排水孔的数量和尺寸应符合设计要求，并应沿泡沫堰板周长均布，其间距偏差不宜大于 20 mm。

检查数量：按排水孔总数的 5% 检查，且不得少于 4 个孔。

检查方法：尺量检查。

⑨ 单、双盘式内浮顶储罐泡沫堰板的高度及与罐壁的间距应符合设计要求。

检查数量：按储罐总数的 10% 检查，且不得少于 1 个储罐。

检查方法：尺量检查。

⑩ 当一个储罐所需的高背压泡沫产生器并联安装时，应将其并列固定在支架上，且应符合本条第 3 款和第 4 款的有关规定。

检查数量：按储罐总数的 10% 抽查，且不得少于 1 个。

检查方法：观察和尺量检查。

⑪ 半液下泡沫喷射装置应整体安装在泡沫管道进入储罐处设置的钢质明杆闸阀与止回阀之间的水平管道上，并应采用扩张器（伸缩器）或金属软管与止回阀连接，安装时不应拆卸和损坏密封膜及其附件。

检查数量：全数检查。

检查方法：观察检查。

5.6.2 中倍数泡沫发生器的安装应符合设计要求，安装时不得损坏或随意拆卸附件。

检查数量：按安装总数的 10% 抽查，且不得少于 1 个储罐或保护区的安装数量。

检查方法：用拉线和尺量、观察检查。

5.6.3 高倍数泡沫发生器的安装应符合下列规定。

① 高倍数泡沫发生器的安装应符合设计要求。

检查数量：全数检查。

检查方法：用拉线和尺量检查。

② 距高倍数泡沫发生器的进气端小于或等于 0.3 m 处不应有遮挡物。

检查数量：全数检查。

检查方法：尺量和观察检查。

③ 在高倍数泡沫发生器的发泡网前小于或等于 1.0 m 处，不应有影响泡沫喷放的障碍物。

检查数量：全数检查。

检查方法：尺量和观察检查。

④ 高倍数泡沫发生器应整体安装，不得拆卸，并应牢固固定。

检查数量：全数检查。

检查方法：观察检查。

5.6.4 泡沫喷头的安装应符合下列规定。

① 泡沫喷头的规格、型号应符合设计要求，并应在系统试压、冲洗合格后安装。

检查数量：全数检查。

检查方法：观察和检查系统试压、冲洗记录。

② 泡沫喷头的安装应牢固、规整，安装时不得拆卸或损坏其喷头上的附件。

检查数量：全数检查。

检查方法：观察检查。

③ 顶部安装的泡沫喷头应安装在被保护物的上部，其坐标的允许偏差，室外安装为 15 mm，室内安装为 10 mm；标高的允许偏差，室外安装为 ± 15 mm，室内安装为 ± 10 mm。

检查数量：按安装总数的 10%，且不得少于 4 只，即支管两侧的分支管的始端及末端各 1 只。

检查方法：尺量检查。

④ 侧向安装的泡沫喷头应安装在被保护物的侧面并应对准被保护物体，其距离允许偏差为 20 mm。

检查数量:按安装总数的 10% 抽查,且不得少于 4 只。

检查方法:尺量检查。

⑤ 地下安装的泡沫喷头应安装在被保护物的下方,并应在地面以下;在未喷射泡沫时,其顶部应低于地面 10～15 mm。

检查数量:按安装总数的 10% 抽查,且不得少于 4 只。

检查方法:尺量检查。

5.6.5 固定式泡沫炮的安装应符合下列规定。

① 固定式泡沫炮的立管应垂直安装,炮口应朝向防护区,并不应有影响泡沫喷射的障碍物。

检查数量:全数检查。

检查方法:观察检查。

② 安装在炮塔或支架上泡沫炮应牢固固定。

检查数量:全数检查。

检查方法:观察检查。

③ 电动泡沫炮的控制设备、电源线、控制线的规格、型号及设置位置、敷设方式、接线等应符合设计要求。

检查数量:按安装总数 10% 抽查,且不得少于 1 个。

检查方法:观察检查。

18.4 系统功能

查验喷泡沫试验记录;核对中、低倍泡沫灭火系统泡沫混合液的混合比、发泡倍数、供给速率。

验收依据 《泡沫灭火系统施工与验收规范》GB 50281-2006 第 6.2.6 条。

主要内容

6.2.6 泡沫灭火系统的调试应符合下列规定。

① 当为手动灭火系统时,应以手动控制的方式进行一次喷水试验;当为自动灭火系统时,应以手动和自动控制的方式各进行一次喷水试验,其各项性能指标均应达到设计要求。

检查数量:当为手动灭火系统时,选择最远的防护区或储罐;当为自动灭火系统时,选择最大和最远两个防护区或储罐分别以手动和自动的方式进行试验。

检查方法:用压力表、流量计、秒表测量。

② 低、中倍数泡沫灭火系统按本条第1款的规定喷水试验完毕,将水放空后,进行喷泡沫试验;当为自动灭火系统时,应以自动控制的方式进行,喷射泡沫的时间不应小于1 min;实测泡沫混合液的混合比及泡沫混合液的发泡倍数及到达最不利点防护区或储罐的时间和湿式联用系统自喷水至喷泡沫的转换时间应符合设计要求。

检查数量:选择最不利点的防护区或储罐,进行一次试验。

检查方法:泡沫混合液的混合比按《泡沫灭火系统施工与验收规范》GB 50281-2006 第 6.2.3 条的检查方法测量;泡沫混合液的发泡倍数按《泡沫灭火系统施工与验收规范》

GB 50281-2006 附录 C 的方法测量;喷射泡沫的时间和泡沫混合液或泡沫到达最不利点防护区或储罐的时间及湿式联用系统自喷水至喷泡沫的转换时间,用秒表测量。

③ 高倍数泡沫灭火系统按本条第 1 款的规定喷水试验完毕,将水放空后,应以手动或自动控制的方式对防护区进行喷泡沫试验,喷射泡沫的时间不应小于 30 s,实测泡沫混合液的混合比和泡沫供给速率及自接到火灾模拟信号至开始喷泡沫的时间应符合设计要求。

检查数量:全数检查。

检查方法:泡沫混合液的混合比按《泡沫灭火系统施工与验收规范》GB 50281-2006 第 6.2.3 条的检查方法测量;泡沫供给速率的检查方法,应记录各高倍数泡沫产生器进口端压力表读数,用秒表测量喷射泡沫的时间,然后按制造厂给出的曲线查出对应的发泡量,经计算得出的泡沫供给速率,不应小于设计要求的最小供给速率;喷射泡沫的时间和自接到火灾模拟信号至开始喷泡沫的时间,用秒表测量。

19 气体灭火系统

19.1 防护区

查看保护对象设置位置、划分、用途、环境温度、通风及可燃物种类;估算防护区几何尺寸、开口面积;查看防护区围护结构耐压、耐火极限和门窗自行关闭情况;查看疏散通道、标识和应急照明;查看出入口处声光警报装置设置和安全标志;查看排气或泄压装置设置;查看专用呼吸器具配备。

验收依据 消防设计文件;《气体灭火系统施工及验收规范》GB 50263-2007 第 7.2.1—7.2.2 条;《气体灭火系统设计规范》GB 50370-2005 第 3.2.7—3.2.9 条。

主要内容

《气体灭火系统施工及验收规范》GB 50263-2007

7.2.1 防护区或保护对象的位置、用途、划分、几何尺寸、开口、通风、环境温度、可燃物的种类、防护区围护结构的耐压、耐火极限及门、窗可自行关闭装置应符合设计要求。

检查数量:全数检查。

检查方法:观察检查、测量检查。

7.2.2 防护区下列安全设施的设置应符合设计要求:

① 防护区的疏散通道、疏散指示标志和应急照明装置；

② 防护区内和入口处的声光报警装置、气体喷放指示灯、入口处的安全标志；

③ 无窗或固定窗扇的地上防护区和地下防护区的排气装置；

④ 门窗设有密封条的防护区的泄压装置；

⑤ 专用的空气呼吸器或氧气呼吸器。

检查数量：全数检查。

检查方法：观察检查。

《气体灭火系统设计规范》GB 50370-2005

3.2.7 防护区需要开设泄压口，是因为气体灭火剂喷入防护区内，会显著地增加防护区的内压，如果没有适当的泄压口，防护区的围护结构将可能承受不起增长的压力而遭破坏。

有了泄压口，一定有灭火剂从此流失。在灭火设计用量公式中，对于喷放过程阶段内的流失量已经在设计用量中考虑，而灭火浸渍阶段内的流失量却没有包括。对于浸渍时间要求 10 min 以上，而门、窗缝隙比较大，密封较差的防护区，其泄漏的补偿问题，可通过门风扇试验进行确定。

由于七氟丙烷灭火剂比空气重，为了减少灭火剂从泄压口流失，泄压口应开在防护区净高的 2/3 以上，即泄压口下沿不低于防护区净高的 2/3。

3.2.8 条文中"泄压口宜设在外墙上"，可理解为：防护区存在外墙的，就应该设在外墙上；防护区不存在外墙的，可考虑设在与走廊相隔的内墙上。

3.2.9 对防护区的封闭要求是全淹没灭火的必要技术条件,因此不允许除泄压口之外的开口存在,例如自动生产线上的工艺开口,也应做到在灭火时停止生产、自动关闭开口。

检查数量:全数检查

检查方法:对照设计图现场测量

19.2 储存装置间

查看设置位置;查看通道、应急照明设置;查看其他安全措施。

验收依据 消防设计文件。

19.3 灭火剂储存装置

查看储存容器数量、型号、规格、位置、固定方式、标志;查验灭火剂充装量、压力、备用量;抽查气体灭火剂,并核对其证明文件。

验收依据 消防设计文件;《气体灭火系统施工与验收规范》GB 50263-2007 第5.2节。

主要内容

5.2

5.2.1 储存装置的安装位置应符合设计文件的要求。

检查数量：全数检查。

检查方法：观察检查、用尺测量。

5.2.2 灭火剂储存装置安装后,泄压装置的泄压方向不应朝向操作面。低压二氧化碳灭火系统的安全阀应通过专用的泄压管接到室外。

检查数量：全数检查。

检查方法：观察检查。

5.2.3 储存装置上压力计、液位计、称重显示装置的安装位置应便于人员观察和操作。

检查数量：全数检查。

检查方法：观察检查。

5.2.4 储存容器的支、框架应固定牢靠,并应做防腐处理。

检查数量：全数检查。

检查方法：观察检查。

5.2.5 储存容器宜涂红色油漆,正面应标明设计规定的灭火剂名称和储存容器的编号。

检查数量：全数检查。

检查方法：观察检查。

5.2.6 安装集流管前应检查内腔,确保清洁。

检查数量：全数检查。

检查方法：观察检查。

5.2.7 集流管上的泄压装置的泄压方向不应朝向操作面。

检查数量：全数检查。

检查方法：观察检查。

5.2.8 连接储存容器与集流管间的单向阀的流向指示箭头应指向介质流动方向。

检查数量：全数检查。

检查方法：观察检查。

5.2.9 集流管应固定在支、框架上,支、框架应固定牢靠,并做防腐处理。

检查数量：全数检查。

检查方法：观察检查。

5.2.10 集流管外表面宜涂红色油漆。

检查数量：全数检查。

检查方法：观察检查。

19.4　驱动装置

查看集流管的材质、规格、连接方式和布置;查看选择阀及信号反馈装置规格、型号、位置和标志;查看驱动装置规格、型号、数量和标志,驱动气瓶的充装量和压力;查看驱动气瓶和选择阀的应急手动操作处标志;抽查气体灭火设备,并核对其证明文件。

验收依据　《气体灭火系统施工与验收规范》GB 50263-2007 第5.4节。

主要内容

5.4

5.4.1 拉索式机械驱动装置的安装应符合下列规定：

① 拉索除必要外露部分外，应采用经内外防腐处理的钢管防护；

② 拉索转弯处应采用专用导向滑轮；

③ 拉索末端拉手应设在专用的保护盒内；

④ 拉索套管和保护盒应固定牢靠。

检查数量：全数检查。

检查方法：观察检查。

5.4.2 安装以重力式机械驱动装置时，应保证重物在下落行程中无阻挡，其下落行程应保证驱动所需距离，且不得小于 25 mm。

检查数量：全数检查。

检查方法：观察检查和用尺测量。

5.4.3 电磁驱动装置驱动器的电气连接线应沿固定灭火剂储存容器的支、框架或墙面固定。

检查数量：全数检查。

检查方法：观察检查。

5.4.4 气动驱动装置的安装应符合下列规定：

① 驱动气瓶的支、框架或箱体应固定牢靠，并做防腐处理；

② 驱动气瓶上应有标明驱动介质名称、对应防护区或保

护对象名称或编号的永久性标志,并应便于观察。

检查数量:全数检查。

检查方法:观察检查。

5.4.5 气动驱动装置的管道安装应符合下列规定:

① 管道布置应符合设计要求;

② 竖直管道应在其始端和终端设防晃支架或采用管卡固定;

③ 水平管道应采用管卡固定,管卡的间距不宜大于0.6 m,转弯处应增设1个管卡。

检查数量:全数检查。

检查方法:观察检查和用尺测量。

5.4.6 气动驱动装置的管道安装后应做气压严密性试验,并合格。

检查数量:全数检查。

检查方法:按《气体灭火系统施工与验收规范》GB 50263-2007 第 E.1 节的规定执行。

19.5 管网

查看管道及附件材质、布置规格、型号和连接方式;查看管道的支、吊架设置;其他防护措施。

验收依据 《气体灭火系统施工与验收规范》GB 50263-2007 第 5.5 节。

主要内容

5.5

5.5.1　灭火剂输送管道连接应符合下列规定：

① 采用螺纹连接时,管材宜采用机械切割,螺纹不得有缺纹、断纹等现象;螺纹连接的密封材料应均匀附着在管道的螺纹部分,拧紧螺纹时,不得将填料挤入管道内;安装后的螺纹根部应有 2～3 条外露螺纹;连接后,应将连接处外部清理干净并做防腐处理;

② 采用法兰连接时,衬垫不得凸入管内,其外边缘宜接近螺栓,不得放双垫或偏垫;连接法兰的螺栓,直径和长度应符合标准,拧紧后,凸出螺母的长度不应大于螺杆直径的 1/2 且保证有不少于 2 条外露螺纹;

③ 已经防腐处理的无缝钢管不宜采用焊接连接,与选择阀等个别连接部位需采用法兰焊接连接时,应对被焊接损坏的防腐层进行二次防腐处理。

检查数量：外观全数检查,隐蔽处抽查。

检查方法：观察检查。

5.5.2　管道穿过墙壁、楼板处应安装套管。套管公称直径比管道公称直径至少应大 2 级,穿墙套管长度应与墙厚相等,穿楼板套管长度应高出地板 50 mm。管道与套管间的空隙应采用防火封堵材料填塞密实。当管道穿越建筑物的变形缝时,应设置柔性管段。

检查数量：全数检查。

检查方法：观察检查和用尺测量。

5.5.3 管道支、吊架的安装应符合下列规定：

① 管道应固定牢靠,管道支、吊架的最大间距应符合表5.5.3的规定；

表 5.5.3　支、吊架之间最大间距

DN(mm)	15	20	25	32	40	50	65	80	100	150
最大间距(m)	1.5	1.8	2.1	2.4	2.7	3.0	3.4	3.7	4.3	5.2

② 管道末端应采用防晃支架固定,支架与末端喷嘴间的距离不应大于 500 mm；

③ 公称直径大于或等于 50 mm 的主干管道,垂直方向和水平方向至少应各安装一个防晃支架,当穿过建筑物楼层时,每层应设一个防晃支架；当水平管道改变方向时,应增设防晃支架。

检查数量：全数检查。

检查方法：观察检查和用尺测量。

5.5.4 灭火剂输送管道安装完毕后,应进行强度试验和气压严密性试验,并合格。

检查数量：全数检查。

检查方法：按《气体灭火系统施工与验收规范》GB 50262-2007 第 E.1 节的规定执行。

5.5.5 灭火剂输送管道的外表面宜涂红色油漆。在吊顶内、活动地板下等隐蔽场所内的管道,可涂红色油漆色环,色环宽度不应小于 50 mm。每个防护区或保护对象的色环宽度应一致,间距应均匀。

检查数量:全数检查。

检查方法:观察检查。

19.6 喷嘴

查看规格、型号和安装位置、方向;核对设置数量。

验收依据 《气体灭火系统施工与验收规范》GB 50263-2007 第 7.3.8 条。

主要内容

7.3.8 喷嘴的数量、型号、规格、安装位置和方向,应符合设计要求和《气体灭火系统施工与验收规范》GB 50263-2007 第 5.6 节的有关规定。

检查数量:全数检查。

检查方法:观察检查、测量检查。

19.7 系统功能

测试主、备电源切换;测试灭火剂主、备用量切换;模拟自动启动系统。

验收依据 《气体灭火系统施工与验收规范》GB 50263-

2007 第 7.4 节,切换正常、电磁阀、选择阀动作正常,有信号反馈。

主要内容

7.4

7.4.1 系统功能验收时,应进行模拟启动试验,并合格。

检查数量:按防护区或保护对象总数(不足 5 个按 5 个计)的 20%检查。

检查方法:按《气体灭火系统施工与验收规范》GB 50263 - 2007 第 E.2 节的规定执行。

7.4.2 系统功能验收时,应进行模拟喷气试验,并合格。

检查数量:组合分配系统不应少于一个防护区或保护对象,柜式气体灭火装置、热气溶胶灭火装置等预制灭火系统应各取一套。

检查方法:按《气体灭火系统施工与验收规范》GB 50263 - 2007 第 E.3 节或按产品标准中有关联动试验的规定执行。

7.4.3 系统功能验收时,应对设有灭火剂备用量的系统进行模拟切换操作试验,并合格。

检查数量:全数检查。

检查方法:按《气体灭火系统施工与验收规范》GB 50263 - 2007 第 E.4 节的规定执行。

7.4.4 系统功能验收时,应对主、备用电源进行切换试验,并合格。

检查方法:将系统切换到备用电源,按《气体灭火系统施工与验收规范》GB 50263-2007 第 E.2 节的规定执行。

E.3 模拟喷气试验方法

E.3.1 模拟喷气试验的条件应符合下列规定：

① IG541 混合气体灭火系统及高压二氧化碳灭火系统应采用其充装的灭火剂进行模拟喷气试验,试验采用的储存容器数应为选定试验的防护区或保护对象设计用量所需容器总数的 5%,且不得少于一个；

② 低压二氧化碳灭火系统应采用二氧化碳灭火剂进行模拟喷气试验,试验应选定输送管道最长的防护区或保护对象进行,喷放量不应小于设计用量的 10%；

③ 卤代烷灭火系统模拟喷气试验不应采用卤代烷灭火剂,宜采用氮气,也可采用压缩空气；氮气或压缩空气储存容器与被试验的防护区或保护对象用的灭火剂储存容器的结构、型号、规格应相同,连接与控制方式应一致,氮气或压缩空气的充装压力按设计要求执行；氮气或压缩空气储存容器数不应少于灭火剂储存容器数的 20%,且不得少于一个；

④ 模拟喷气试验宜采用自动启动方式。

E.3.2 模拟喷气试验结果应符合下列规定：

① 延迟时间与设定时间相符,响应时间满足要求；

② 有关声、光报警信号正确；

③ 有关控制阀门工作正常；

④ 信号反馈装置动作后,气体防护区门外的气体喷放指

示灯应工作正常;

⑤ 储存容器间内的设备和对应防护区或保护对象的灭火剂输送管道无明显晃动和机械性损坏;

⑥ 试验气体能喷入被试防护区内或保护对象上,且应能从每个喷嘴喷出。

E.4 模拟切换操作试验方法

E.4.1 按使用说明书的操作方法,将系统使用状态从主用量灭火剂储存容器切换为备用量灭火剂储存容器的使用状态。

E.4.2 按《气体灭火系统施工与验收规范》GB 50263-2007 第 E.3.1 条的方法进行模拟喷气试验。

E.4.3 试验结果应符合《气体灭火系统施工与验收规范》GB 50263-2007 第 E.3.2 条的规定。

20 大空间智能型主动喷水灭火系统

20.1 自动消防水炮

核实自动消防水炮的数量、规格、型号、安装间距、流量、射程、安装高度;查看消防水炮通电后运行状态、垂直和水平方向转动均匀、灵活,无遮挡;查看消防水炮自动扫描报警、定位和手动控制盘现场操作功能。

验收依据 《大空间智能型主动喷水灭火系统技术规程》CS 263-2009 第 16.2.9、17.9.1 条;《自动消防炮灭火系统技术规程》CECS 245-2008 第 5.3.1—5.3.5 条。

主要内容

《大空间智能型主动喷水灭火系统技术规程》CS 263-2009

16.2.9 自动扫描射水灭火装置调试应符合下列要求:

① 自动扫描射水灭火装置的调试应逐个进行;

② 通电后复位状态、监视状态正常;

③ 使系统处于手动状态,在自动扫描射水灭火装置进入监视状态后,在其保护范围内,模拟火灾发生,待火源稳定燃

烧后,在规定的时间内,自动扫描射水装置应完成对火源的扫描和定位并发出报警、启动水泵、打开电磁阀等信号,此时使系统变为自动状态,则水泵应立即启动、电磁阀应立即打开、喷头应立即喷水灭火;射出的水帘应直接击中或覆盖火源,且分布均匀,与地平面呈垂直状;火源熄灭后,可人工复位自动扫描射水灭火装置,使其重新处于监视状态;

④ 自动扫描射水灭火装置在复位、扫描旋转过程中应转动均匀、灵活。

17.9.1 大空间灭火装置的规格、型号、安装间距等应符合设计要求。

《自动消防炮灭火系统技术规程》CECS 245-2008

5.3.1 消防炮的布置数量不应少于两门,布置高度应保证消防炮的射流不受阻挡,并应保证两门消防炮的水流能够同时到达被保护区域的任一部位。

5.3.2 现场手动控制盘应设置在消防炮的附近,并能观察到消防炮动作,且靠近出口处或便于疏散的地方。

5.3.3 消防炮的俯仰角和水平回转角应满足使用要求。

5.3.4 在消防炮塔和设有护栏平台上设置的消防炮的俯角均不宜大于 $50°$,在多平台消防炮塔设置的低位消防炮的水平回转角不宜大于 $220°$。

5.3.5 消防炮的固定支架或安装平台应能满足消防炮喷射反作用力的要求,并应保证支架或平台不影响消防炮的旋转动作。

检查数量：全数检查。

检验方法：模拟火源，目测自动消防水炮的运动，现场直观检查和流量计、压力表、秒表检查等。

20.2 电磁阀

查看数量、规格、型号、材质、安装位置；查看电磁阀的控制方式、启闭状态信号。

验收依据 《大空间智能型主动喷水灭火系统技术规程》CS 263-2009 第 6.3.1—6.3.4、11.0.4 条；《自动消防炮灭火系统技术规程》CECS 245-2008 第 4.4.3 条。

主要内容

《大空间智能型主动喷水灭火系统技术规程》CS 263-2009

6.3.1 大空间智能型主动喷水灭火系统灭火装置配套的电磁阀，应符合下列条件：

① 阀体应采用不锈钢或铜质材料，内件应采用不生锈、不结垢、耐腐蚀材料；

② 阀心应采用浮动阀心结构；

③ 复位弹簧应设置于水介质以外；

④ 电磁阀在不通电条件下应处于关闭状态；

⑤ 电磁阀的开启压力不应大于 0.04 MPa；

⑥ 电磁阀的公称压力不应小于 1.6 MPa。

6.3.2 电磁阀宜靠近智能型灭火装置设置。严重危险级场所如舞台等,电磁阀边上宜并列设置一个与电磁阀相同口径的手动旁通闸阀,并宜将电磁阀及手动旁通闸阀集中设置于场所附近,便于人员直接操作的房间或管井内。

6.3.3 若电磁阀设置在吊顶内,宜设置在便于检查维修的位置,在电磁阀的位置应预留检修孔洞。

6.3.4 各种灭火装置配套的电磁阀的基本参数应符合表6.3.4的规定。

表6.3.4 各种灭火装置配套的电磁阀的基本参数

灭火装置名称	安装方式	安装高度	控制喷头(水炮)数	电磁阀口径(mm)
大空间智能灭火装置	与喷头分设安装	不受限制	控制1个 控制2个 控制3个 控制4个	DN50 DN80 DN100 DN125～150
自动扫描射水灭火装置	与喷头分设安装	不受限制	控制1个	DN40
自动扫描射水高空水炮灭火装置	与水炮分设安装	不受限制	控制1个	DN50

11.0.4 大空间智能型主动喷水灭火系统中的电磁阀应有下列控制方式(各种控制方式应能进行相互转换):

① 由智能型探测组件自动控制;

② 消防控制室手动强制控制并设有防误操作设施;

③ 现场人工控制(严禁误喷场所)。

《自动消防炮灭火系统技术规程》CECS 245-2008

4.4.3 电动阀应有启、闭状态反馈信号。

检查数量：全数检查。

检查方法：查看设计文件，核对以上内容和要求，现场直观

20.3 模拟末端试水装置

查看数量、规格、型号、安装位置；查看排水方式、措施；测试模拟末端放水功能。

验收依据 《大空间智能型主动喷水灭火系统技术规程》CS 263-2009 第 6.6.1—6.6.8、17.8.1、17.8.2 条。

主要内容

6.6.1 每个压力分区的水平管网末端最不利点处应设模拟末端试水装置，但在满足下列条件时，可不设模拟末端试水装置，但应设直径为 50 mm 的试水阀：

① 每个水流指示器控制的保护范围内允许进行试水，且试水不会对建筑、装修及物品造成损坏的场地；

② 试水场地地面有完善的排水措施。

6.6.2 模拟末端试水装置应由压力表、试水阀、电磁阀、智能型探测组件、模拟喷头（空水炮）及排水管组成。

6.6.3 试水装置的智能型探测组件的性能及技术要求应与各种灭火装置配置的智能型探测组件相同，与模拟喷头

为分体式安装。

6.6.4 电磁阀的性能及技术要求应与各种灭火装置的电磁阀相同。

6.6.5 模拟喷头（高空水炮）为固定式喷头（高空水炮），模拟喷头（高空水炮）的流量系数应与对应的灭火装置上的喷头（高空水炮）相同。

6.6.6 模拟末端试水装置的出水应采取间接排水方式排入排水管道。

6.6.7 模拟末端试水装置宜安装在卫生间、楼梯间等便于进行操作测试的地方。

6.6.8 模拟末端试水装置应符合表 6.6.8 规定的技术要求。

17.8.1 系统中模拟末端试水装置的设置部位应符合本规程的设计要求。

17.8.2 系统中的所有模拟末端试水装置均应作下列功能或参数的检验并应符合设计要求：

① 模拟末端试水装置的模拟火灾探测功能；

② 报警、联动控制信号传输与控制功能；

③ 流量、压力参数；

④ 排水功能；

⑤ 手动与自动相互转换功能。

检查数量：全数检查。

检查方法：查看设计文件，核对以上内容和要求，现场直

表 6.6.8　模拟末端试水装置的技术要求

采用的灭火装置名称	模拟末端试水装置				模拟喷头（高空水炮）的流量系数
	压力表	试水阀	电磁阀	智能型探测组件	
标准型大空间智能型灭火装置	精度不应低于 1.5 级，量程为试验压力的 1.5 倍	口径：DN50 公称压力：≥1.6 MPa	口径：DN50 公称压力：≥1.6 MPa	分体设置	K＝190
标准型自动扫描射水灭火装置	精度不应低于 1.5 级，量程为试验压力的 1.5 倍	口径：DN40 公称压力：≥1.6 MPa	口径：DN40 公称压力：≥1.6 MPa	分体设置	K＝97
标准型自动扫描射水高空水炮灭火装置	精度不应低于 1.5 级，量程为试验压力的 1.5 倍	口径：DN50 公称压力：≥1.6 MPa	口径：DN50 公称压力：≥1.6 MPa	分体设置	K＝122

观检查和流量计、压力表、秒表检查等。

20.4 智能灭火装置控制器

查看数量、规格、型号、安装位置;测试智能灭火装置控制器的功能。

验收依据 《大空间智能型主动喷水灭火系统技术规程》CS 263-2009 第 11.0.2、14.9.1—14.9.5 条;《自动消防炮灭火系统技术规程》CECS 245-2008 第 7.5.1—7.5.4、9.4.2条。

主要内容

《大空间智能型主动喷水灭火系统技术规程》CS 263-2009

11.0.2 大空间智能型主动喷水灭火系统可设置专用的智能灭火装置控制器,也可纳入建筑物火灾自动报警及联动控制系统,由建筑物火灾自动报警及联动控制器统一控制。当采用专用的智能灭火装置控制器时,应设置与建筑物火灾自动报警及联动控制器联网的监控接口。

14.9.1 壁挂式智能灭火装置控制器在墙上安装时,其底边距地(楼)面高度宜为 1.3～1.5 m,其靠近门轴的侧面距墙不应小于 0.5 m,正面操作距离不应小于 1.2 m;当安装在轻质墙上时,应采取加固措施。

14.9.2 琴台式、柜式智能灭火装置控制器落地安装时,正面操作距离不应小于 1.5 m,其底宜高出地面 0.1～0.2 m,

当需要在背面检修时其检修距离不宜小于 1.0 m,其中的一个侧面应留有不小于 800 mm 的过道。

14.9.3 智能灭火装置控制器应安装牢固,不得倾斜。

14.9.4 智能灭火装置控制器及配线金属管或线槽应做接地保护,接地应牢固,并有明显标志。

14.9.5 进入智能灭火装置控制器的电缆或导线,应符合下列要求:

① 配线整齐,避免交叉,并应固定牢固;

② 电缆芯线和所配导线的端部均应标明编号,并与图纸一致,字迹清晰不易退色;

③ 端子板的每个接线端,接线不得超过两根;

④ 电缆芯和导线,应留有适当余量;

⑤ 导线引入线穿线后,金属管或金属线槽与智能灭火装置控制器的接口处应做封堵;

⑥ 智能灭火装置控制器的电源引入线,应直接与消防电源连接,严禁使用电源插头;电源引入线应有明显标志。

《自动消防炮灭火系统技术规程》CECS 245-2008

7.5.1 消防炮控制装置应具有以下控制功能:

① 自动控制;

② 消防控制室手动控制;

③ 现场手动控制;

④ 应能控制消防炮的俯仰、水平回转和相关阀门的动作;

⑤ 应能控制多台消防炮进行组网工作。

7.5.2 消防炮控制装置的控制功能除应控制消防炮外，还应控制消防泵的启、停，控制喷水状态和电动阀启、闭。

7.5.3 现场手动控制盘应具有优先控制功能，应能手动控制消防炮瞄准火源，应能手动控制消防泵启、停，应能手动控制消防炮喷水状态，火警信息应反馈到消防控制室。

7.5.4 消防炮显示装置应具有以下显示功能：

① 显示消防泵、阀门和水流指示器的工作状态；

② 显示消防炮和其他控制设备地址。

9.4 手动控制盘应按以下步骤调试：

① 操作按钮，目测消防炮动作正确；

② 按消防泵启、停按钮，消防泵动作正确，反馈信号正常；

③ 按电动阀启、闭按钮，电动阀动作正确，反馈信号正常。

检查数量：全数检查。

检查方法：查看设计文件，核对以上内容和要求，现场直观检查等。

20.5 现场手动控制盘

查看数量、规格、型号、安装位置；测试现场手动控制盘功能。

验收依据 《自动消防炮灭火系统技术规程》CECS 245-2008 第 5.3.2、7.2.3、7.5.3 条。

主要内容

5.3.2 现场手动控制盘应设置在消防炮的附近,并能观察到消防炮动作,且靠近出口处或便于疏散的地方。

7.2.3 现场手动控制盘安装在墙上时,其底边距地面的高度宜为 1.3～1.5 m,且应有明显标志。

7.5.3 现场手动控制盘应具有优先控制功能,应能手动控制消防炮瞄准火源,应能手动控制消防泵启、停,应能手动控制消防炮喷水状态,火警信息应反馈到消防控制室。

检查数量:全数检查。

检查方法:直观检查。

20.6 智能探测报警组件

核实智能探测报警组件的数量、规格、型号、安装间距、安装位置;测试智能探测报警组件的的报警功能;测试手动报警装置、警报装置、联动功能。

验收依据 《大空间智能型主动喷水灭火系统技术规程》CS 263-2009 第 6.2.2、6.2.3 条;《自动消防炮灭火系统技术规程》CECS 245‑2008 第 5.2.1—5.2.3、7.2.1、7.2.2、7.2.4条。

主要内容

《大空间智能型主动喷水灭火系统技术规程》CS 263‑2009

6.2.2 自动扫描射水灭火装置和自动扫描射水高空水炮灭火装置的智能型探测组件与扫描射水喷头(高空水炮)为一体设置,智能型探测组件的安装应符合下列规定:

① 安装高度与喷头(高空水炮)安装高度相同;

② 一个智能型探测组件的探测区域应覆盖一个喷头(高空水炮)的保护区域;

③ 一个智能型探测组件只控制一个喷头(高空水炮)。

6.2.3 智能型探测组件应平行或低于天花、梁底、屋架底和风管底设置。

《自动消防炮灭火系统技术规程》CECS 245-2008

5.2.1 光截面探测器、红外光束感烟探测器的选型和设置应符合下列要求:

① 应根据探测区域大小选择探测器的种类和型号;

② 发射器和接收器之间的光路不应被遮挡,发射器和接收器之间的距离不宜超过 100 m;

③ 相邻两只光截面发射器的水平距离不应大于 10 m;

④ 相邻两组红外光束感烟探测器的水平距离不应大于 14 m;

⑤ 光截面探测器距侧墙的水平距离不应小于 0.3 m,且不应大于 5 m;

⑥ 探测器的光束轴线至顶棚的垂直距离不应小于 0.3 m。

5.2.2 双波段探测器、火焰探测器的选型和设置应符合下列要求：

① 应根据探测距离选择探测器的种类和型号；

② 应根据探测器的保护角度确定设置方法和安装高度；

③ 当双波段探测器、火焰探测器的正下方存在盲区时，应利用其他探测器消除探测盲区；

④ 探测器的安装位置至顶棚的垂直距离不应小于0.5 m；

⑤ 探测器距侧墙的水平距离不应小于0.3 m。

5.2.3 探测器的安装位置应避开强红外光区域，避免强光直射探测器镜面。

7.2.1 火灾报警装置应有自动和手动两种火灾触发装置。

7.2.2 火灾探测器的选择应满足以下要求：

① 应能有效地探测保护区内的早期火灾；

② 应能确认火灾发生的部位；

③ 具有火灾智能识别功能；

④ 宜采用能提供火灾现场实时图像信号的火焰探测器。

7.2.4 火灾警报装置、消防电话、手动报警按钮及其他联动装置的设计与选用应符合现行国家标准《火灾自动报警系统设计规范》GB 50116 的相关规定。

检查数量：全数检查。

检验方法：核实设计图，核对产品的性能检验报告，直观检查；光截面探测器或红外光束感烟探测器用减光片检查；

双波段探测器或火焰探测器用试验火源检查;图像画面清晰。

20.7 系统功能

核实系统流量、压力;查看控制中心系统工作状态及相关信号;模拟灭火功能试验、报警联动功能;测试消防水炮手动功能。

验收依据 《大空间智能型主动喷水灭火系统技术规程》CS 263-2009 第 11.0.8、11.0.9、17.3.1、17.9.2 条;《自动消防炮灭火系统技术规程》CECS 245-2008 第 9.6.2、10.0.6、10.0.7—10.0.9 条。

主要内容

《大空间智能型主动喷水灭火系统技术规程》CS 263-2009

11.0.8 消防控制室应能显示智能型探测组件的报警信号,显示信号阀、水流指示器工作状态,显示消防水泵的运行、停止和故障状态,显示消防水池及高位水箱的低水位信号。

11.0.9 大空间智能型主动喷水灭火系统应设火灾警报装置,并应满足下列要求:

① 每个防火分区至少应设一个火灾警报装置,其位置宜设在保护区域内靠近出口处;

② 火灾警报装置应采用声光报警器；

③ 在环境噪声大于 60 dB 的场所设置火灾警报装置时，其声音警报器的声压级至少应高于背景噪声 15 dB。

17.3.1　系统流量、压力的验收，应通过系统流量压力检测装置进行放水试验，系统流量、压力应符合设计要求。

17.9.2　大空间灭火装置应进行模拟灭火功能试验，且应符合下列要求：

① 参数测量应在模拟火源稳定后进行；

② 喷射和扫射水面应覆盖火源；

③ 水流指示器动作，消防控制中心有信号显示；

④ 消防水泵启动，消防控制中心有信号显示；

⑤ 其他消防联动控制设备投入运行；

⑥ 智能灭火装置控制器有信号显示。

《自动消防炮灭火系统技术规程》CECS 245-2008

9.6.2　自动消防炮灭火系统的灭火试验应符合下列要求：

① 当现场条件允许，可进行本试验；

② 系统处于正常工作状态，将试验火源置于消防炮被保护区内的任意位置上；火灾自动报警联动控制系统发现试验火源，发出声光报警信号，开启消防泵，启动相应的消防炮；消防炮开始转动并锁定试验火源，打开电动阀，消防炮开始喷水灭火，水流指示器和电动阀发出相应信号到火灾报警控制器；灭火完成，停消防泵，关电动阀。

10.0.6 自动消防炮灭火系统的供水水源、消防水泵房、消防泵、阀组、管网的验收应符合现行国家标准《自动喷水灭火系统施工及验收规范》GB 50261 的相关规定。

10.0.7 消防炮验收应符合下列要求:

① 消防炮的设置位置、型号、规格和数量应符合设计要求;

② 消防炮安装牢固,消防炮的喷射水流不应受到阻挡;

③ 消防炮的水平方向、垂直方向的旋转不应受到阻碍;

④ 消防炮的射程不应小于设计射程;

⑤ 消防炮的出水流量不小于设计流量;

⑥ 控制室手动控制盘和现场手动控制盘控制消防炮应运动自如、灵活可靠、动作准确;

⑦ 定位器显示的图像清晰、稳定。

10.0.8 自动消防炮灭火系统流量、压力的验收应采用流量、压力检测装置进行放水试验,系统的流量、压力应符合设计要求。

检查数量:全数检查。

检查方法:查看设计文件,核对以上内容和要求,现场直观检查等;操作控制盘按钮,目测消防炮的运动。

21　细水雾灭火系统

21.1　泵组系统供水水源

核实系统水源、水质、水压；核实系统持续供水量、储水箱有效容积；核实过滤器安装位置、材质、网孔孔径。

验收依据　《细水雾灭火系统技术规范》GB 50898-2013 第 3.4.9、3.4.20、3.4.21、3.5.1、3.5.8—3.5.10、5.0.3 条。

主要内容

3.4.9　系统的设计持续喷雾时间应符合下列规定：

① 用于保护电子信息系统机房、配电室等电子、电气设备间，图书库，资料库，档案库，文物库，电缆隧道和电缆夹层等场所时，系统的设计持续喷雾时间不应小于 30 min；

② 用于保护油浸变压器室、涡轮机房、柴油发电机房、液压站、润滑油站、燃油锅炉房等含有可燃液体的机械设备间时，系统的设计持续喷雾时间不应小于 20 min；

③ 用于扑救厨房内烹饪设备及其排烟罩和排烟管道部位的火灾时，系统的设计持续喷雾时间不应小于 15 s，设计冷却时间不应小于 15 min。

3.4.20　系统储水箱或储水容器的设计所需有效容积应

按下式计算:

$$V = Q \cdot t \qquad\qquad (3.4.20)$$

式中:V——储水箱或储水容器的设计所需有效容积(L);

　　　t——系统的设计喷雾时间(min);

　　　Q——管道的流量(L/min)。

3.4.21 泵组系统储水箱的补水流量不应小于系统设计流量。

3.5.1 系统的水质除应符合制造商的技术要求外,尚应符合下列要求:

① 泵组系统的水质不应低于现行国家标准《生活饮用水卫生标准》GB 5749 的有关规定;

② 瓶组系统的水质不应低于现行国家标准《瓶(桶)装饮用纯净水卫生标准》GB 17324 的有关规定;

③ 系统补水水源的水质应与系统的水质要求一致。

3.5.8 泵组系统应至少有一路可靠的自动补水水源,补水水源的水量、水压应满足系统的设计要求。

当水源的水量不能满足设计要求时,泵组系统应设置专用的储水箱,其有效容积应符合本规范第 3.4.20 条的规定。

3.5.9 在储水箱进水口处应设置过滤器,出水口或控制阀前应设置过滤器,过滤器的设置位置应便于维护、更换和清洗等。

3.5.10 过滤器应符合下列规定:

① 过滤器的材质应为不锈钢、铜合金,或其他耐腐蚀性能不低于不锈钢、铜合金的材料;

② 过滤器的网孔孔径不应大于喷头最小喷孔孔径的 80%。

5.0.3 泵组系统水源验收应符合下列规定:

① 进(补)水管管径及供水能力、储水箱的容量,均应符合设计要求;

② 水质应符合设计规定的标准;

③ 过滤器的设置应符合设计要求。

检查数量:全数检查。

检查方法:对照设计资料采用流速计、直尺等测量和直观检查;水质取样检查。

21.2　泵组供水装置

查看泵组装置部件数量、规格、型号、材质、流量、扬程;查看泵组的引水方式、水源、流量、压力、电源;测试泵组装置的联动、控制功能。

验收依据　《细水雾灭火系统技术规范》GB 50898-2013 第 3.5.4—3.5.6、3.6.8、4.2.5、5.0.4 条。

主要内容

3.5.4　泵组系统的供水装置宜由储水箱、水泵、水泵控制柜(盘)、安全阀等部件组成,并应符合下列规定:

① 储水箱应采用密闭结构,并应采用不锈钢或其他能保证水质的材料制作;

② 储水箱应具有防尘、避光的技术措施;

③ 储水箱应具有保证自动补水的装置,并应设置液位显示、高低液位报警装置和溢流、透气及放空装置;

④ 水泵应具有自动和手动启动功能以及巡检功能,当巡检中接到启动指令时,应能立即退出巡检,进入正常运行状态;

⑤ 水泵控制柜(盘)的防护等级不应低于 IP54;

⑥ 安全阀的动作压力应为系统最大工作压力的1.15倍。

3.5.5 泵组系统应设置独立的水泵,并应符合下列规定:

① 水泵应设置备用泵,备用泵的工作性能应与最大一台工作泵相同,主、备用泵应具有自动切换功能,并应能手动操作停泵;主、备用泵的自动切换时间不应小于 30 s;

② 水泵应采用自灌式引水或其他可靠的引水方式;

③ 水泵出水总管上应设置压力显示装置、安全阀和泄放试验阀;

④ 每台泵的出水口均应设置止回阀;

⑤ 水泵的控制装置应布置在干燥、通风的部位,并应便于操作和检修;

⑥ 水泵采用柴油机泵时,应保证其能持续运行 60 min。

3.5.6 闭式系统的泵组系统应设置稳压泵,稳压泵的流量不应大于系统中水力最不利点一只喷头的流量,其工作压力应满足工作泵的启动要求。

3.6.8 系统应设置备用电源。系统的主、备电源应能自动和手动切换。

5.0.4 泵组验收应符合下列规定。

① 工作泵、备用泵、吸水管、出水管、出水管上的安全阀、止回阀、信号阀等的规格、型号、数量应符合设计要求;吸水管、出水管上的检修阀应锁定在常开位置,并应有明显标记。

检查数量:全数检查。

检查方法:对照设计资料和产品说明书直观检查。

② 水泵的引水方式应符合设计要求。

检查数量:全数检查。

检查方法:直观检查。

③ 水泵的压力和流量应满足设计要求。

检查数量:全数检查。

检查方法:自动开启水泵出水管上的泄放试验阀,使用压力表、流量计等直观检查。

④ 泵组在主电源下应能在规定时间内正常启动。

检查数量:全数检查。

检查方法:打开水泵出水管上的泄放试验阀,利用主电源向泵组供电;关掉主电源检查主备电源的切换情况,用秒表等直观检查。

⑤ 当系统管网中的水压下降到设计最低压力时,稳压泵

应能自动启动。

检查数量：全数检查。

检查方法：使用压力表,直观检查。

⑥ 泵组应能自动启动和手动启动。

检查数量：全数检查。

检查方法：自动启动检查,对于开式系统,采用模拟火灾信号启动泵组,对于闭式系统,开启末端试水阀启动泵组,直观检查;手动启动检查,按下水泵控制柜的按钮,直观检查。

⑦ 控制柜的规格、型号、数量应符合设计要求,控制柜的图纸塑封后应牢固粘贴于柜门内侧。

检查数量：全数检查。

检查方法：直观检查。

21.3 分区控制阀组

查看数量、规格、型号、安装位置;查看分区试水阀排水措施;测试控制阀组自动和手动功能。

验收依据 《细水雾灭火系统技术规范》GB 50898-2013 第 3.3.2—3.3.5、3.6.6、3.6.7、4.3.6、4.4.5、5.0.6 条。

主要内容

3.3.2 开式系统应按防护区设置分区控制阀。每个分区控制阀上或阀后邻近位置,宜设置泄放试验阀。

3.3.3 闭式系统应按楼层或防火分区设置分区控制阀,

分区控制阀应为带开关锁定或开关指示的阀组。

3.3.4 分区控制阀宜靠近防护区设置,并应设置在防护区外便于操作、检查和维护的位置。分区控制阀上宜设置系统动作信号反馈装置。当分区控制阀上无系统动作信号反馈装置时,应在分区控制阀后的配水干管上设置系统动作信号反馈装置。

3.3.5 闭式系统的最高点处宜设置手动排气阀,每个分区控制阀后的管网应设置试水阀,并应符合下列规定:

① 试水阀前应设置压力表;

② 试水阀出口的流量系数应与一只喷头的流量系数等效;

③ 试水阀的接口大小应与管网末端的管道一致,测试水的排放不应对人员和设备等造成危害。

3.6.6 开式系统分区控制阀应符合下列规定:

① 应具有接收控制信号实现启动、反馈阀门启闭或故障信号的功能;

② 应具有自动、手动启动和机械应急操作启动功能,关闭阀门应采用手动操作方式;

③ 应在明显位置设置对应于防护区或保护对象的永久性标识,并应标明水流方向。

3.6.7 火灾报警联动控制系统应能远程启动水泵或瓶组、开式系统分区控制阀,并应能接收水泵的工作状态、分区控制阀的启闭状态及细水雾喷放的反馈信号。

4.3.6 阀组的安装除应符合现行国家标准《工业金属管道工程施工规范》GB 50235 的有关规定外,尚应符合下列规定。

① 应按设计要求确定阀组的观测仪表和操作阀门的安装位置,并应便于观测和操作。阀组上的启闭标志应便于识别,控制阀上应设置标明所控制防护区的永久性标志牌。

检查数量:全数检查。

检查方法:直观检查和尺量检查。

② 分区控制阀的安装高度宜为 1.2～1.6 m,操作面与墙或其他设备的距离不应小于 0.8 m,并应满足安全操作要求。

检查数量:全数检查。

检查方法:对照图纸尺量检查和操作阀门检查。

③ 分区控制阀应有明显启闭标志和可靠的锁定设施,并应具有启闭状态的信号反馈功能。

检查数量:全数检查。

检查方法:直观检查。

④ 闭式系统试水阀的安装位置应便于安全的检查、试验。

检查数量:全数检查。

检查方法:尺量和直观检查,必要时可操作试水阀检查。

4.4.5 分区控制阀调试应符合下列规定。

① 对于开式系统,分区控制阀应能在接到动作指令后立即启动,并应发出相应的阀门动作信号。

检查数量：全数检查。

检查方法：采用自动和手动方式启动分区控制阀，水通过泄放试验阀排出，直观检查。

② 对于闭式系统，当分区控制阀采用信号阀时，应能反馈阀门的启闭状态和故障信号。

检查数量：全数检查。

检查方法：在试水阀处放水或手动关闭分区控制阀，直观检查。

5.0.6 控制阀的验收应符合下列规定。

① 控制阀的型号、规格、安装位置、固定方式和启闭标识等，应符合设计要求和本规范第4.3.6条的规定。

检查数量：全数检查。

检查方法：直观检查。

② 开式系统分区控制阀组应能采用手动和自动方式可靠动作。

检查数量：全数检查。

检查方法：手动和电动启动分区控制阀，直观检查阀门启闭反馈情况。

③ 闭式系统分区控制阀组应能采用手动方式可靠动作。

检查数量：全数检查。

检查方法：将处于常开位置的分区控制阀手动关闭，直观检查。

④ 分区控制阀前后的阀门均应处于常开位置。

　　检查数量：全数检查。

　　检查方法：直观检查。

21.4　管网

　　查看管道、阀门的数量、规格、型号、材质；查看管道安装、支架的间距、冲洗、试压、吹扫。

　　验收依据　《细水雾灭火系统技术规范》GB 50898-2013第 3.3.9—3.3.12、4.3.7—4.3.10、5.0.7 条。

　　主要内容

　　3.3.9　系统管道应采用防晃金属支、吊架固定在建筑构件上。支、吊架应能承受管道充满水时的重量及冲击，其间距不应大于表 3.3.9 的规定。支、吊架应进行防腐蚀处理，并应采取防止与管道发生电化学腐蚀的措施。

表 3.3.9　系统管道支、吊架的间距

管道外径（mm）	≤16	20	24	28	32	40	48	50	76
最大间距（m）	1.5	1.8	2.0	2.2	2.5	2.8	2.8	3.2	3.8

　　3.10　系统管道应采用冷拔法制造的奥氏体不锈钢钢管，或其他耐腐蚀和耐压性能相当的金属管道。管道的材质和性能应符合现行国家标准《流体输送用不锈钢无缝钢管》GB/T 14976 和《流体输送用不锈钢焊接钢管》GB/T 12771 的

有关规定。

系统最大工作压力不小于 3.50 MPa 时，应采用符合现行国家标准《不锈钢和耐热钢牌号及化学成分》GB/T 20878 中规定牌号为 022Cr17Ni12Mo2 的奥氏体不锈钢无缝钢管，或其他耐腐蚀和耐压性能不低于牌号为 022Cr17Ni12Mo2 的金属管道。

3.3.11　系统管道连接件的材质应与管道相同，系统管道宜采用专用接头或法兰连接，也可采用氩弧焊焊接。

3.3.12　系统组件、管道和管道附件的公称压力不应小于系统的最大设计工作压力。对于泵组系统，水泵吸水口至储水箱之间的管道、管道附件、阀门的公称压力，不应小于 1.0 MPa。

4.3.7　管道和管件的安装除应符合现行国家标准《工业金属管道工程施工规范》GB 50235 和《现场设备、工业管道焊接工程施工规范》GB 50236 的有关规定外，尚应符合下列规定：

① 管道安装前应分段进行清洗，施工过程中，应保证管道内部清洁，不得留有焊渣、焊瘤、氧化皮、杂质或其他异物；施工过程中的开口应及时封闭。

② 并排管道法兰应方便拆装，间距不宜小于 100 mm；

③ 管道之间或管道与管接头之间的焊接应采用对口焊接；系统管道焊接时，应使用氩弧焊工艺，并应使用性能相容的焊条；管道焊接的坡口形式、加工方法和尺寸等，均应符合

现行国家标准《气焊、焊条电弧焊、气体保护焊和高能束焊的推荐坡口》GB/T 985.1 的有关规定;

④ 管道穿越墙体、楼板处应使用套管,穿过墙体的套管长度不应小于该墙体的厚度,穿过楼板的套管长度应高出楼地面 50 mm;管道与套管间的空隙应采用防火封堵材料填塞密实;设置在有爆炸危险场所的管道应采取导除静电的措施;

⑤ 管道的固定应符合本规范第 3.3.9 条的规定。

检查数量:全数检查。

检查方法:尺量和直观检查。

4.3.8 管道安装固定后,应进行冲洗,并应符合下列规定:

① 冲洗前,应对系统的仪表采取保护措施,并应对管道支、吊架进行检查,必要时应采取加固措施;

② 冲洗用水的水质宜满足系统的要求;

③ 冲洗流速不应低于设计流速;

④ 冲洗合格后,应按本规范表 D.0.3 填写管道冲洗记录。

检查数量:全数检查。

检查方法:宜采用最大设计流量,沿灭火时管网内的水流方向分区、分段进行,用白布检查无杂质为合格。

4.3.9 管道冲洗合格后,管道应进行压力试验,并应符合下列规定:

① 试验用水的水质应与管道的冲洗水一致；

② 试验压力应为系统工作压力的 1.5 倍；

③ 试验的测试点宜设在系统管网的最低点,对不能参与试压的设备、仪表、阀门及附件应加以隔离或在试验后安装；

④ 试验合格后,应按本规范表 D.0.4 填写试验记录。

检查数量：全数检查。

检查方法：管道充满水、排净空气,用试压装置缓慢升压,当压力升至试验压力后,稳压 5 min,管道无损坏、变形,再将试验压力降至设计压力,稳压 120 min,以压力不降、无渗漏、目测管道无变形为合格。

4.3.10　压力试验合格后,系统管道宜采用压缩空气或氮气进行吹扫,吹扫压力不应大于管道的设计压力,流速不宜小于 20 m/s。

检查数量：全数检查。

检查方法：在管道末端设置贴有白布或涂白漆的靶板,以 5 min 内靶板上无锈渣、灰尘、水渍及其他杂物为合格。

5.0.7　管网验收应符合下列规定。

① 管道的材质与规格、管径、连接方式、安装位置及采取的防冻措施,应符合设计要求和本规范第 4.3.7 条的有关规定。

检查数量：全数检查。

检查方法：直观检查和核查相关证明材料。

② 管网上的控制阀、动作信号反馈装置、止回阀、试水阀、安全阀、排气阀等,其规格和安装位置均应符合设计要求。

检查数量：全数检查。

检查方法：直观检查。

③ 管道固定支、吊架的固定方式、间距及其与管道间的防电化学腐蚀措施，应符合设计要求。

检查数量：按总数抽查 20%，且不得少于 5 处。

检查方法：尺量和直观检查。

21.5 细水雾喷头

查看数量、规格、型号、闭式喷头的公称动作温度；核对喷头的安装位置、安装高度、间距及与墙体、梁等障碍物的距离。

验收依据 《细水雾灭火系统技术规范》GB 50898-2013 第 3.2.1—3.2.5、3.4.2—3.4.4、4.3.11、5.0.8 条。

主要内容

3.2.1 喷头选择应符合下列规定：

① 对于环境条件易使喷头喷孔堵塞的场所，应选用具有相应防护措施且不影响细水雾喷放效果的喷头；

② 对于电子信息系统机房的地板夹层，宜选择适用于低矮空间的喷头；

③ 对于闭式系统，应选择响应时间指数（RTI）不大于 50(m·s) 0.5 的喷头，其公称动作温度宜高于环境最高温度 30℃，且同一防护区内应采用相同热敏性能的喷头。

3.2.2 闭式系统的喷头布置应能保证细水雾喷放均匀、完全覆盖保护区域,并应符合下列规定:

① 喷头与墙壁的距离不应大于喷头最大布置间距的1/2;

② 喷头与其他遮挡物的距离应保证遮挡物不影响喷头正常喷放细水雾;当无法避免时,应采取补偿措施;

③ 喷头的感温组件与顶棚或梁底的距离不宜小于75 mm,并不宜大于150 mm;当场所内设置吊顶时,喷头可贴临吊顶布置。

3.2.3 开式系统的喷头布置应能保证细水雾喷放均匀并完全覆盖保护区域,并应符合下列规定:

① 喷头与墙壁的距离不应大于喷头最大布置间距的1/2;

② 喷头与其他遮挡物的距离应保证遮挡物不影响喷头正常喷放细水雾;当无法避免时,应采取补偿措施;

③ 对于电缆隧道或夹层,喷头宜布置在电缆隧道或夹层的上部,并应能使细水雾完全覆盖整个电缆或电缆桥架。

3.2.4 采用局部应用方式的开式系统,其喷头布置应能保证细水雾完全包络或覆盖保护对象或部位,喷头与保护对象的距离不宜小于0.5 m。用于保护室内油浸变压器时,喷头的布置尚应符合下列规定:

① 当变压器高度超过4 m时,喷头宜分层布置;

② 当冷却器距变压器本体超过0.7 m时,应在其间隙内

增设喷头;

③ 喷头不应直接对准高压进线套管;

④ 当变压器下方设置集油坑时,喷头布置应能使细水雾完全覆盖集油坑。

3.2.2 喷头与无绝缘带电设备的最小距离不应小于表3.2.5的规定。

表 **3.2.5** 喷头与无绝缘带电设备的最小距离

带电设备额定电压等级 V(kV)	最小距离(m)
110	2.2
35	1.1
≤35	0.5

3.4.2 闭式系统的喷雾强度、喷头的布置间距和安装高度,宜经实体火灾模拟试验确定。

当喷头的设计工作压力不小于 10 MPa 时,闭式系统也可根据喷头的安装高度按表 3.4.2 的规定确定系统的最小喷雾强度和喷头的布置间距;当喷头的设计工作压力小于10 MPa 时,应经试验确定。

表 **3.4.2** 闭式系统的喷雾强度、喷头的布置间距和安装高度

应用场所	喷头的安装高度 (m)	系统的最小喷雾强度 (L/min · m²)	喷头的布置间距 (m)
采用非密集柜储存的图书库、资料库、档案库	≥3.0 且≤5.0	3.0	≥2.0 且≤3.0
	≤3.0	2.0	

3.4.3 闭式系统的作用面积不宜小于 140 m²。

每套泵组所带喷头数量不应超过 100 只。

3.4.4 采用全淹没应用方式的开式系统,其喷雾强度、喷头的布置间距、安装高度和工作压力,宜经实体火灾模拟试验确定,也可根据喷头的安装高度按表 3.4.4 确定系统的最小喷雾强度和喷头的布置间距。

表 3.4.4　采用全淹没应用方式开式系统的喷雾强度、喷头的
布置间距、安装高度和工作压力

应用场所	喷头的工作压力（MPa）	喷头的安装高度（m）	系统的最小喷雾强度（L/min·m²）	喷头最大布置间距（m）
油浸变压器室、液压站、润滑油站、柴油发电机房燃油锅炉房等	>1.2 且 ≤3.5	≤7.5	2.0	2.5
电缆隧道、电缆夹层		≤5.0	2.0	
文物库,以及密集柜存储的图书库、资料库、档案库		≤3.0	0.9	

应用场所		喷头的工作压力(MPa)	喷头的安装高度(m)	系统的最小喷雾强度(L/min·m²)	喷头最大布置间距(m)
油浸变压器室、涡轮机房等		≥10	≤7.5	1.2	3.0
液压站、柴油发电机房、燃油锅炉房等			≤5.0	1.0	
电缆隧道、电缆夹层			>3.0且≤5.0	2.0	
文物库,以及密集柜存储的图书库、资料库、档案库			≤3.0	1.0	
			>3.0且≤5.0	2.0	
电子信息系统机房	主机工作空间		≤3.0	1.0	
			≤3.0	0.7	
	地板夹层		≤0.5	0.3	

4.3.11 喷头的安装应在管道试压、吹扫合格后进行,并应符合下列规定:

① 应根据设计文件逐个核对其生产厂标志、型号、规格和喷孔方向,不得对喷头进行拆装、改动;

② 应采用专用扳手安装;

③ 喷头安装高度、间距,与吊顶、门、窗、洞口、墙或障碍

物的距离应符合设计要求;

④ 不带装饰罩的喷头,其连接管管端螺纹不应露出吊顶;带装饰罩的喷头应紧贴吊顶;带有外置式过滤网的喷头,其过滤网不应伸入支干管内;

⑤ 喷头与管道的连接宜采用端面密封或○型圈密封,不应采用聚四氟乙烯、麻丝、粘结剂等作密封材料。

检查数量:全数检查。

检查方法:直观检查。

5.0.8 喷头验收应符合下列规定。

① 喷头的数量、规格、型号以及闭式喷头的公称动作温度等,应符合设计要求。

检查数量:全数核查。

检查方法:直观检查。

② 喷头的安装位置、安装高度、间距及与墙体、梁等障碍物的距离,均应符合设计要求和本规范第 4.3.11 条的有关规定,距离偏差不应大于 ±15 mm。

检查数量:全数核查。

检查方法:对照图纸尺量检查。

③ 不同型号规格喷头的备用量不应小于其实际安装总数的 1%,且每种备用喷头数不应少于 5 只。

检查数量:全数检查。

检查方法:计数检查。

21.6　系统功能

模拟测试系统自动报警、联动功能;核实系统流量、压力、响应时间、信号反馈;核实系统的主备电源和主备泵切换、手动启动功能。

验收依据　《细水雾灭火系统技术规范》GB 50898-2013第 3.6.2—3.6.10、4.4.6—4.4.9、5.0.9、5.0.11 条。

主要内容

3.6.2　开式系统的自动控制应能在接收到两个独立的火灾报警信号后自动启动。

闭式系统的自动控制应能在喷头动作后,由动作信号反馈装置直接联锁自动启动。

3.6.3　在消防控制室内和防护区入口处,应设置系统手动启动装置。

3.6.4　手动启动装置和机械应急操作装置应能在一处完成系统启动的全部操作,并应采取防止误操作的措施。手动启动装置和机械应急操作装置上应设置与所保护场所对应的明确标识。

设置系统的场所以及系统的手动操作位置,应在明显位置设置系统操作说明。

3.6.5　防护区或保护场所的入口处应设置声光报警装置和系统动作指示灯。

3.6.6　开式系统分区控制阀应符合下列规定:

① 应具有接收控制信号实现启动、反馈阀门启闭或故障信号的功能；

② 应具有自动、手动启动和机械应急操作启动功能，关闭阀门应采用手动操作方式；

③ 应在明显位置设置对应于防护区或保护对象的永久性标识，并应标明水流方向。

3.6.7　火灾报警联动控制系统应能远程启动水泵或瓶组、开式系统分区控制阀，并应能接收水泵的工作状态、分区控制阀的启闭状态及细水雾喷放的反馈信号。

3.6.8　系统应设置备用电源，系统的主备电源应能自动和手动切换。

3.6.9　系统启动时，应联动切断带电保护对象的电源，并应同时切断或关闭防护区内或保护对象的可燃气体、液体或可燃粉体供给等影响灭火效果或因灭火可能带来次生危害的设备和设施。

3.6.10　与系统联动的火灾自动报警和控制系统的设计，应符合现行国家标准《火灾自动报警系统设计规范》GB 50116 的有关规定。

4.4.6　系统应进行联动试验，对于允许喷雾的防护区或保护对象，应至少在一个区进行实际细水雾喷放试验；对于不允许喷雾的防护区或保护对象，应进行模拟细水雾喷放试验。

4.4.7　开式系统的联动试验应符合下列规定。

① 进行实际细水雾喷放试验时,可采用模拟火灾信号启动系统,分区控制阀、泵组或瓶组应能及时动作并发出相应的动作信号,系统的动作信号反馈装置应能及时发出系统启动的反馈信号,相应防护区或保护对象保护面积内的喷头应喷出细水雾。

检查数量：全数检查。

检查方法：直观检查。

② 进行模拟细水雾喷放试验时,应手动开启泄放试验阀;采用模拟火灾信号启动系统时,泵组或瓶组应能及时动作并发出相应的动作信号,系统的动作信号反馈装置应能及时发出系统启动的反馈信号。

检查数量：全数检查。

检查方法：直观检查。

③ 相应场所入口处的警示灯应动作。

检查数量：全数检查。

检查方法：直观检查。

4.4.8 闭式系统的联动试验可利用试水阀放水进行模拟。打开试水阀后,泵组应能及时启动并发出相应的动作信号;系统的动作信号反馈装置应能及时发出系统启动的反馈信号。

检查数量：全数检查。

检查方法：打开试水阀放水,直观检查。

4.4.9 当系统需与火灾自动报警系统联动时,可利用模拟火灾信号进行试验。在模拟火灾信号下,火灾报警装置应能自动发出报警信号,系统应动作,相关联动控制装置应能发出自动关断指令,火灾时需要关闭的相关可燃气体或液体供给源关闭等设施应能联动关断。

检查数量:全数检查。

检查方法:模拟火灾信号,直观检查。

5.0.9 每个系统应进行模拟联动功能试验,并应符合下列规定。

① 动作信号反馈装置应能正常动作,并应能在动作后启动泵组或开启瓶组及与其联动的相关设备,可正确发出反馈信号。

检查数量:全数检查。

检查方法:利用模拟信号试验,直观检查。

② 开式系统的分区控制阀应能正常开启,并可正确发出反馈信号。

检查数量:全数检查。

检查方法:利用模拟信号试验,直观检查。

③ 系统的流量、压力均应符合设计要求。

检查数量:全数检查。

检查方法:利用系统流量压力检测装置通过泄放试验,直观检查。

④ 泵组或瓶组及其他消防联动控制设备应能正常启动,并应有反馈信号显示。

检查数量:全数检查。

检查方法:直观检查。

⑤ 主、备电源应能在规定时间内正常切换。

检查数量:全数检查。

检查方法:模拟主备电切换,采用秒表计时检查。

5.0.10 开式系统应进行冷喷试验,除应符合本规范第 5.0.9 条的规定外,其响应时间应符合设计要求。

检查数量:至少一个系统、一个防护区或一个保护对象。

检查方法:自动启动系统,采用秒表等直观检查。

5.0.11 系统工程质量验收合格与否,应根据其质量缺陷项情况进行判定。系统工程质量缺陷项目应按表5.0.11划分为严重缺陷项、一般缺陷项和轻度缺陷项。

当无严重缺陷项,或一般缺陷项不多于 2 项,或一般缺陷项与轻度缺陷项之和不多于 6 项时,可判定系统验收为合格;当有严重缺陷项,或一般缺陷项大于等于 3 项,或一般缺陷项与轻度缺陷项之和大于等于 7 项时,应判定为不合格。

表 5.0.11 系统工程质量缺陷项目划分

项目	对应本规范的要求
严重缺陷项	第 5.0.2 条、第 5.0.3 条、第 5.0.4 条第 4、6 款、第 5.0.6条第 3 款、第 5.0.7 条第 1 款、第 5.0.8 条第 1 款、第 5.0.9 条、第 5.0.10 条
一般缺陷项	第 5.0.4 第 1、2、3、5、7 款、第 5.0.5 条第 2 款、第 5.0.6条第 1、2 款、第 5.0.7 条第 2 款、第 5.0.8 条第 2 款

项目	对应本规范的要求
轻度缺陷项	第 5.0.5 条第 1、3 款、第 5.0.6 条第 4 款、第 5.0.7 条第 3 条、第 5.0.8 条第 3 款

检查数量：全数检查。

检验方法：模拟火源，目测自动消防水炮的运动；现场直观检查和流量计、压力表、秒表检查等。

22 附 录

《自动喷水灭火系统施工及验收规范》GB 50261-2017

附录A 自动喷水灭火系统分部、分项工程划分	表A 自动喷水灭火系统分部、分项工程划分
附录B 施工现场质量管理检查记录	表B 施工现场质量管理检查记录
附录C 自动喷水灭火系统施工过程质量检查记录	表C.0.1 自动喷水灭火系统施工过程质量检查记录
	表C.0.2 自动喷水灭火系统试压记录
	表C.0.3 自动喷水灭火系统管网冲洗记录
	表C.0.4 自动喷水灭火系统联动试验记录
附录D 自动喷水灭火系统工程质量控制资料检查记录	表D 自动喷水灭火系统工程质量控制资料检查记录
附录E 自动喷水灭火系统工程验收记录	表E 自动喷水灭火系统工程验收记录
附录F 自动喷水灭火系统验收缺陷项目划分	表F 自动喷水灭火系统验收缺陷项目划分

《消防给水及消火栓系统技术规范》GB 50974-2014

附录A 消防给水及消火栓系统分部、分项工程划分	表A 消防给水及消火栓系统分部、分项工程划分
附录B 施工现场质量管理检查记录	表B 施工现场质量管理检查记录
附录C 消防给水及消火栓系统施工过程质量检查记录	表C.0.1 消防给水及消火栓系统施工过程质量检查记录
	表C.0.2 消防给水及消火栓系统试压记录
	表C.0.3 消防给水及消火栓系统管网冲洗记录
	表C.0.4 消防给水及消火栓系统联锁试验记录
附录D 消防给水及消火栓系统工程质量控制资料检查记录	表D 消防给水及消火栓系统工程质量控制资料检查记录
附录E 消防给水及消火栓系统工程验收记录	表E 消防给水及消火栓系统工程验收记录
附录F 消防给水及消火栓系统验收缺陷项目划分	表F 消防给水及消火栓系统验收缺陷项目划分

《气体灭火系统施工及验收规范》GB 50263-2007

附录 A 施工现场质量管理检查记录	表 A 施工现场质量管理检查记录
附录 B 气体灭火系统工程划分	表 B 气体灭火系统子分部工程、分项工程划分
附录 C 气体灭火系统施工记录	表 C-1 气体灭火系统工程施工过程检查记录
	表 C-2 气体灭火系统工程施工过程检查记录
	表 C-3 隐蔽工程验收记录
	表 C-4 气体灭火系统工程施工过程检查记录
√附录 D 气体灭火系统验收记录	表 D-1 气体灭火系统工程质量控制资料核查记录
	表 D-2 气体灭火系统工程质量验收记录
附录 E 试验方法	表 E 系统储存压力、最大工作压力

《泡沫灭火系统施工及验收规范》GB 50281-2006

附录 A 泡沫灭火系统分部工程、子分部工程、分项工程划分	表 A.0.1 泡沫灭火系统分部工程、子分部工程、分项工程划分
附录 B 泡沫灭火系统施工、验收记录	表 B.0.1 施工现场质量管理检查记录
	表 B.0.2-1 泡沫灭火系统施工过程检查记录
	表 B.0.2-2 阀门的强度和严密性试验记录

（续表）

附录B 泡沫灭火系统施工、验收记录	表B.0.2-3 泡沫灭火系统施工过程检查记录
	表B.0.2-4 管道试压记录
	表B.0.2-5 管道冲洗记录
	表B.0.2-6 泡沫灭火系统施工过程检查记录
	表B.0.3 隐蔽工程验收记录
	表B.0.4 泡沫灭火系统质量控制资料核查记录
	表B.0.5 泡沫灭火系统验收记录
附录C 发泡倍数的测量方法	

《建筑防烟排烟系统技术标准》GB 51251-2017

附录A 不同火灾规模下的机械排烟量	表A 不同火灾规模下的机械排烟量
附录B 排烟口最大允许排烟量	表B 排烟口最大允许排烟量
附录C 防烟、排烟系统分部、分项工程划分	表C 防烟、排烟系统分部、分项工程划分表
附录D 施工过程质量检查记录	表D-1 施工现场质量管理检查记录
	表D-2 防烟、排烟系统工程进场检验检查记录

(续表)

附录 D 施工过程质量检查记录	表 D-3 防烟、排烟系统分项工程施工过程检查记录
	表 D-4 防烟、排烟系统调试检查记录
附录 E 防烟、排烟系统工程质量控制资料检查记录	表 E 防烟、排烟系统工程质量控制资料检查记录
附录 F 防烟、排烟工程验收记录	表 F-1 防烟、排烟系统工程验收记录
	表 F-2 防烟、排烟系统隐蔽工程验收记录

《建筑灭火器配置验收及检查规范》GB 50444-2008

附录 A 建筑灭火器配置定位编码表	表 A 建筑灭火器配置定位编码表
附录 B 建筑灭火器配置缺陷分类及验收报告	表 B 建筑灭火器配置缺陷分类及验收报告
附录 C 建筑灭火器检查内容、要求及记录	表 C 建筑灭火器检查内容、要求及记录

《建筑灭火器配置验收及检查规范》GB 50444-2008

附录 A 各种管件和阀门的当量长度	表 A 各种管件和阀门的当量长度
附录 B 减压孔板的局部阻力系数	表 B 减压孔板的局部阻力系数
附录 C 自动消防炮灭火系统验收缺陷项目划分	

《火灾自动报警系统施工及验收规范》GB 50166-2019

附录A 火灾自动报警系统分部、分项工程划分	表A 火灾自动报警系统分部、分项工程划分
附录B 施工现场质量管理检查记录	表B 施工现场质量管理检查记录
附录C 火灾自动报警系统材料、设备、配件进场检查和安装过程质量检查记录	表C.0.1 火灾自动报警系统材料、设备、配件进场检查和安装过程质量检查记录
附录D 系统部件现场设置情况、控制类设备联动编程、消防联动控制器手动控制单元编码设置记录	表D.0.1 系统部件现场设置情况记录
	表D.0.2 控制类设备联动编程记录
	表D.0.3 消防联动控制器手动控制单元编码设置记录
附录E 系统调试、工程检测、工程验收记录	表E.1 火灾报警控制器、消防联动控制器、火灾报警控制器(联动型)及其现场配接部件调试、检测、验收记录
	表E.2 家用火灾安全系统调试、检测、验收记录
	表E.3 消防专用电话系统调试、检测、验收记录
	表E.4 可燃气体探测报警系统调试、检测、验收记录
	表E.5 电气火灾监控系统调试、检测、验收记录
	表E.6 消防设备电源监控系统调试、检测、验收记录

(续表)

附录 E　系统调试、工程检测、工程验收记录	表 E.7　消防设备应急电源调试、检测、验收记录
	表 E.8　消防控制室图形显示装置和传输设备调试、检测、验收记录
	表 E.9
	表 E.10　防火卷帘系统调试、检测、验收记录
	表 E.11　防火门监控系统调试、检测、验收记录
	表 E.12　气体、干粉灭火系统调试、检测、验收记录
	表 E.13　自动喷水灭火系统调试、检测、验收记录
	表 E.14
	表 E.15　防排烟系统调试、检测、验收记录
	表 E.16
	表 E.17　电梯、非消防电源等相关系统联动控制调试、检测、验收记录
	表 E.18　系统整体联动控制功能调试、检测、验收记录
	表 E.19　文件资料、消防控制室、布线工程检测和验收记录

《消防应急照明和疏散指示系统技术标准》GB 51309-2018

附录 A　消防应急照明和疏散指示系统子分部、分项工程划分	表 A　消防应急照明和疏散指示系统子分部、分项工程划分表

（续表）

附录 B 施工现场质量管理检查记录	表 B 施工现场质量管理检查记录表
附录 C 系统材料和设备进场检查、系统线路设计检查和安装质量检查记录	表 C.0.1 系统材料和设备进场检查、系统线路设计检查、安装质量检查记录表
附录 D 系统部件现场设置情况、应急照明控制器联动控制编码记录	表 D.0.1 系统部件现场设置情况记录
	表 D.0.2 应急照明控制器控制逻辑编程记录
附录 E 系统调试、工程检测、工程验收记录	表 E.0.1-1 文件资料、系统形式选择、系统线路设计、布线工程检测和验收记录
	表 E.0.1-2 系统部件功能和性能、系统控制功能调试、检测、验收记录

《水喷雾灭火系统技术规范》GB 50219-2014

附录 A 管道连接件干烧试验方法	
附录 B 水喷雾灭火系统工程划分	表 B 水喷雾灭火系统工程划分
附录 C 水喷雾灭火系统施工现场质量管理检查记录	表 C 水喷雾灭火系统施工现场质量管理检查记录
附录 D 水喷雾灭火系统施工过程质量检查记录	表 D.0.1 系统施工过程进场检验记录
	表 D.0.2 阀门的强度和严密性试验记录
	表 D.0.3 系统施工过程中的安装质量检查记录

附录 D　水喷雾灭火系统施工过程质量检查记录	表 D.0.4　系统施工过程中的管道试压记录
	表 D.0.5　系统施工过程中的管道冲洗记录
	表 D.0.6　系统施工过程中的调试检查记录
	表 D.0.7　系统施工过程中的隐蔽工程验收记录
附录 E　水喷雾灭火系统质量控制资料核查记录	表 E　水喷雾灭火系统质量控制资料核查记录
附录 F　水喷雾灭火系统验收记录	表 F　水喷雾灭火系统验收记录

《细水雾灭火系统技术规范》GB 50898-2013

附录 A　细水雾灭火系统的实体火灾模拟试验	
附录 B　细水雾灭火系统工程划分	表 B　细水雾灭火系统分部工程、子分部工程、分项工程划分
附录 C　细水雾灭火系统施工现场质量管理检查记录	表 C　施工现场质量管理检查记录
附录 D　细水雾灭火系统施工过程质量检查记录	表 D.0.1　细水雾灭火系统施工进场检验记录
	表 D.0.2　细水雾灭火系统安装质量检查记录
	表 D.0.3　细水雾灭火系统管网冲洗记录

（续表）

附录 D 细水雾灭火系统施工过程质量检查记录	表 D.0.4 细水雾灭火系统试压记录
	表 D.0.5 细水雾灭火系统隐蔽工程验收记录
	表 D.0.6 细水雾灭火系统调试记录
附录 E 细水雾灭火系统工程质量控制资料核查记录	表 E 细水雾灭火系统工程质量控制资料核查记录
附录 F 细水雾灭火系统工程验收记录	表 F 细水雾灭火系统工程验收记录